Composé en France par Publications Elysées
Imprimé au Japon par Shumposha Photo Printing

ISBN 2-85700-033-2

Texte: R. Bagnis
Photographie: E. Christian

guide sous marin de tahiti

les éditions du pacifique
Tahiti

SOMMAIRE

Avertissement

Dans cet ouvrage, dédié à la nature sous-marine polynésienne, nous n'avons pas essayé de dresser une liste exhaustive des animaux et végétaux peuplant nos récifs et nos lagons. Deux livres parus chez le même éditeur ont déjà mis l'accent sur certains d'entre eux parmi les plus fascinants à savoir : les poissons et les coquillages. Notre propos est simplement de décrire les traits morphologiques et biologiques des grands peuplements présents, d'en citer les représentants principaux et d'en étudier la répartition au sein des écosystèmes les plus caractéristiques de nos eaux. Notre souhait est de fournir, à ceux qui contemplent pour la première fois un spectacle corallien, un guide au moment de la découverte, et aux habitués des randonnées sous-marines, un instrument leur permettant de préciser leurs impressions visuelles. Le plongeur néophyte concentre souvent son attention sur les évolutions d'un requin et ne voit pratiquement rien d'autre. Devenu lecteur, il pourra par le texte et l'image se remémorer les faits qui lui ont échappé. Des dunes de sable construites par certains crabes rarement visibles, au poisson-clown prisonnier volontaire d'une actinie en passant par les jardins calcaires aux fleurs multicolores ou les tapis d'algues servant de nourriture à une foule d'animaux, il y a là toute une vie que l'on ne se lasse jamais d'évoquer.

Les photographies montrent des êtres vivants dans leur habitat naturel. Les détails ont parfois été délibé-

---

Une étoile de mer piquante Acanthaster planci *est fixée sur une colonie de madrépores tandis que deux poissons papillons voltigent à la recherche de leur nourriture nichée dans les interstices calcaires.*

rément sacrifiés au profit des ensembles, tant cette notion est capitale dans la vie sous-marine, où chaque population coexiste avec plusieurs autres au sein de territoires définis. Si en apparence, nous avons accordé une place proportionnellement plus importante aux coraux et aux poissons qu'aux autres groupes faunistiques, dans les illustrations, c'est parce que les premiers sont les éléments fondamentaux du décor et les seconds en sont les acteurs souvent les plus vivants, les plus attractifs. Mais dans la majorité des cas, les poissons saisis sur la pellicule ne sont qu'une occasion de mieux préciser par une légende détaillée, les inter-relations existant entre les différents peuplements marins. Leur présence en abondance et leur diversité sont en général un excellent témoignage de la vie intense qui règne dans l'ensemble de l'écosystème corallien.

Nous avons tenu à montrer la réalité sous son jour le plus beau, c'est-à-dire au moment où la communauté benthique est en équilibre physiologique. Or aujourd'hui cet équilibre, garant de la beauté de l'environnement, est rompu en bien des endroits. C'est pourquoi nous voudrions enfin que ce livre constitue une mise en garde devant les dangers encourus par la mer littorale par suite de l'intrusion souvent désordonnée de l'homme. Aussi avons-nous consacré quelques pages à mettre l'accent sur des exemples d'agressions insidieuses ou évidentes, traditionnelles ou récentes, sur les résultats de leurs effets à court et à long terme, ainsi que sur certains moyens à mettre en œuvre pour qu'envers et contre tout, le monde sous-marin de Tahiti continue à nous enchanter.

Avec un équipement minimum (masque, tuba, palmes) deux touristes néophytes évoluent à l'aise parmi les massifs coralliens des abords d'un récif-barrière, découvrant sans effort, ni appréhension un spectacle fascinant.

Les récifs et les lagons polynésiens

Située entre les longitudes 134° et 155° Ouest et les latitudes 8° et 28° Sud, la Polynésie Française se compose d'environ 120 îles de dimensions variées, d'une superficie émergée de 4 000 km², disséminées sur une surface grande comme l'Europe qui constituent le sommet de formations nées sur le fond de l'Océan Pacifique. Ces îles sont réparties en cinq archipels (Société, Tuamotu, Gambier, Australes et Marquises). Elles se distinguent en une quarantaine d'îles hautes volcaniques dont la plus élevée culmine à 2 237 mètres et environ 80 îles basses coralliennes ou atolls dont l'altitude excède rarement deux à trois mètres.

La plupart des îles hautes sont bordées de récifs coralliens plus ou moins importants. Les récifs frangeants sont juxtaposés à la partie émergée de l'île, accolés soit à des plages de sable (noir d'origine volcanique ou blanc d'origine corallienne) ou de galets (calcaires ou basaltiques), soit à une côte rocheuse. Les récifs-barrières situés à distance du rivage, au contact direct de la houle océanique, délimitent une bande lagunaire de largeur variable. Ces deux sortes de formations peuvent être présentes isolément (absence de récifs-barrières aux îles Marquises) ou coexister (îles de la Société et Gambier).

Les atolls sont des bandes de récifs plus ou moins circulaires de quelques centaines de mètres à 2 km de large entourant un lagon dont la plus grande dimension peut atteindre plusieurs dizaines de kilomètres. Dans le centre du lagon s'élèvent des pâtés coralliens profonds, le plus souvent morts, n'atteignant pas la surface, et des pinacles à fleur d'eau, riches en colonies coralliennes vivantes.

Les récifs sont entrecoupés d'échancrures plus ou moins profondes conditionnant les échanges océano-lagunaires. Ce sont soit des passes, soit des *hoa.* Les passes assurent une communication permanente entre lagon et océan. Leur profondeur peut atteindre 30 mètres. Elles sont au nombre d'une ou plusieurs dans chaque île. Sur les îles hautes, elles se trouvent le plus souvent en face de l'embouchure des torrents ou rivières. Sur les atolls, elles sont plus rares, étroites et situées généralement sous le vent. Les *hoa* sont des failles dans une ceinture corallienne émergée. Les uns permettent une communication océan-lagon à chaque marée haute. On les rencontre habituellement sur les atolls, dans la partie de l'île exposée au vent. Les autres ne sont fonctionnels qu'à l'occasion de fortes mers. Ils délimitent des îlots appelés *motu.*

Le complexe récifal est le produit de l'activité biologique d'organismes variés. Certains assurent sa croissance permanente. D'autres concourent à la destruction de sa surface. De l'équilibre entre ces deux effets contraires dépend la survie du récif.

Les facteurs de construction

Les principaux artisans de la construction du récif sont les coraux et les algues calcaires. A un degré moindre, et variable suivant les lieux, intervient également une sédimentation de divers invertébrés. La construction, prépondérante à l'extérieur des récifs, se manifeste également de façon moins marquée au niveau des passes, sur les bordures lagunaires ainsi qu'au sommet des pâtés et des pinacles.

Les coraux

A l'origine des plus grandes architectures organiques du monde, les coraux de récif ont pour élément fondamental, un organisme animal très simple, le polype corallien. C'est un tube dont l'extrémité aveugle est fixée à un substrat dur et dont l'autre possède une ouverture par laquelle s'effectuent les échanges avec le milieu ambiant : absorption de la nourriture, rejet des déchets, excrétion des larves. Cet organisme est remarquable par son aptitude à sécréter un squelette calcaire à l'intérieur duquel il vit et qui seul persiste à sa mort. Hermaphrodite, il se reproduit indifféremment par émission de larves ou par bourgeonnement. Les larves, après quelques jours de vie planctonique, s'ancrent à un support solide rocheux et non sableux. C'est à ce niveau que le jeune polype va commencer son œuvre de construction. Une plaque basilaire calcaire épaisse, à bordure externe arrondie, sert de fondation. En naissent six cloisons radiées faisant généralement saillie vers l'intérieur, et croissant en hauteur. Elles constituent avec le bord de la plaque une logette ou calice qui grandit avec le polype et dans lequel l'animal se rétracte à volonté. A partir d'une certaine taille, le polype peut bourgeonner un grand nombre de fois pour constituer une colonie qui se développe en hauteur et en largeur. C'est ainsi que l'édifice corallien, formé de colonies de nombreux individus appartenant à de multiples espèces, s'échafaude au long des siècles en puissants récifs.

Conglomérat récifal ancien formé par les squelettes calcaires des coraux morts et soumis à d'importants phénomènes d'érosion. A l'arrière-plan se détache la silhouette du mont Temanu à Bora-Bora.

Un polype corallien est généralement petit (0,3 à 0,6 cm en moyenne). Cependant certaines formes isolées ont des dimensions moins modestes et une colonie individuelle de deux mètres de diamètre n'est pas exceptionnelle. Les polypiers coloniaux revêtent des formes diverses : têtes massives, branches allongées ou fines feuilles. Mais ces formes peuvent varier suivant les conditions ambiantes, ce qui rend parfois leur classification difficile.

La croissance des coraux varie de un à huit centimètres par an environ. Pour s'effectuer dans les meilleures conditions elle doit bénéficier de conditions écologiques relativement strictes. Ainsi les coraux vivent électivement à des températures comprises entre 20° et 30°C, et à une profondeur n'excédant pas 50 à 60 mètres. Leur développement est en effet lié à l'intensité lumineuse qu'exigent pour leur croissance, les zooxanthelles. Ces algues symbiotiques, grâce à leur pouvoir de photosynthèse, utilisent le gaz carbonique et les produits de dégradation azotée des polypes. La survie des coraux de récif est également subordonnée à un certain taux de salinité de l'eau de mer (cela explique les failles dans le récif-barrière face à l'embouchure des rivières), à un faible degré de sédimentation (les eaux claires sont propices à leur épanouissement), à une agitation moyenne qui apporte l'oxygénation indispensable (ils prospèrent mal en eau calme et les fortes houles favorisent davantage la croissance des algues que la leur).

Les algues calcaires

Comme toutes les algues elles sont constituées d'un appareil végétatif appelé thalle et elles sont aptes à la synthèse chlorophyllienne. Ancrées sur le fond, les algues calcaires fixent le carbonate de calcium dissous dans l'eau. Celui-ci se dépose dans les membranes des cellules sous forme de calcite ou d'aragonite suivant les espèces et constitue un tissu dur et dense qui finit par occuper plus de place que le protoplasme vivant. Si l'algue meurt, ce calcaire restera en place et sera identifiable même remanié par la fossilisation. Par ce processus de calcification ces algues contribuent à cimenter entre eux les coraux et autres débris organiques. Plus résistants que les coraux, elles les protègent des assauts de la mer et facilitent leur croissance.

Les algues calcaires sont le plus souvent des algues rouges reconnaissables à leur couleur rose carminée très vive dans les trous à l'abri de la lumière et jaunâtre dans les aires exposées au soleil. D'autres appartiennent au groupe des algues vertes. Ces diverses algues se présentent sous la forme de larges croûtes, de gros cailloux ou d'arbuscules à branches arrondies ou pointues. Elles constituent avec les coraux, au niveau de la partie du récif où se brise la mer, une zone d'organismes calcaires très durs appelée parfois crête algale.

Les autres constructeurs du récif

Les mollusques, foraminifères, annelides tubicoles, alcyonaires et échinodermes apportent une contribution détritique à la formation des récifs. Leurs coquilles, spicules ou squelettes calcaires sédimentent dans les interstices de l'édifice algocorallien. Ils sont alors soit bloqués définitivement et cimentés par les algues encroûtantes, soit rejetés dans le lagon lors des tempêtes. Leur participation à l'édification du complexe récifal est donc faible et très variable suivant la zone du récif ou son exposition aux vents.

Pages suivantes : l'atoll de Tupai, dans les Iles Sous-le-Vent, est un atoll fermé. Les échanges océanolagunaires se font par plusieurs hoa *fonctionnels. Les platiers externes et internes sont bien visibles. La coloration bleu-clair du lagon témoigne de sa faible profondeur.*

Les facteurs de destruction

La destruction du récif est assez uniformément répartie et résulte de processus d'érosion mécanique, chimique et biologique.

Les vagues de l'océan, par simple effet mécanique, arrachent aux pentes externes des récifs quantité d'éléments détritiques (fragments de madrépores, d'algues calcaires, squelettes et tests d'invertébrés), qui sont rejetés dans le lagon par les voies de communication océano-lagunaires ou par-dessus les récifs submergés. Ce facteur de destruction est particulièrement efficace lors des cyclones et des tempêtes.

Le rôle des phénomènes biologiques dans l'érosion des récifs est loin d'être négligeable. Moins spectaculaire que dans sa construction, il mérite néanmoins d'être pris en considération. Des algues perforantes, des Cyanophycés, des Sipinculiens, des Eponges, des Annelides, des Echinodermes, des Mollusques, des Crustacés et Poissons divers, participent à la fragmentation, à l'usure, à la destruction et à la dissolution lentes et insidieuses des couches superficielles des roches calcaires. A cet égard, l'action des invertébrés et poissons brouteurs d'algues calcaires et mangeurs de corail (en particulier des perroquets) est à souligner. Leurs excréments tombent continuellement en poudre fine dans les eaux du lagon et contribuent à la formation de certaines dunes de sable qui en rident les fonds. Ces fonds dont l'épaisseur témoigne de l'importance de l'apport sédimentaire en provenance du récif sont souvent riches en tests de mollusques et foraminifères.

Un poisson empereur Pomacanthus imperator, *le plus grand des poissons anges polynésiens s'apprête à se cacher dans une excavation corallienne à l'extérieur du récif-barrière. Le masque de carnaval qu'il porte lui permet de protéger ses yeux vulnérables.*

le milieu vivant

Résultats d'une œuvre entreprise par la nature il y a plusieurs milliers d'années, les récifs et lagons polynésiens constituent un ensemble d'écosystèmes très particuliers au sein desquels bien des êtres vivants ont trouvé des conditions idéales de nourriture et d'abri. La diversité du domaine corallien offre des possibilités d'existence à des millions d'êtres végétaux et animaux de taille, de forme et de couleur les plus variées.

Mais dans l'ensemble la flore et la faune de Tahiti sont pauvres en espèces, quand on les compare à celles de Nouvelle-Calédonie ou de la grande barrière Australienne. Cet appauvrissement d'ouest en est dans le Pacifique est un phénomène connu. Il est lié,

---

Colonie encroûtante d'Alcyonaire Sinularia deformis, *finement mamelonnée, de consistance charnue, dans la passe Teavanui à Bora-Bora. La surface lobulaire relativement molle est lisse au toucher.*

d'une part aux conditions de courant et de température défavorables à une dissémination des espèces vers l'est à partir de leur foyer de dispersion malais et indonésien, d'autre part à l'éloignement des masses continentales entraînant une pénurie d'éléments nutritifs dans l'eau de mer.

Nous nous contenterons dans le cadre de ce livre, de décrire les principaux animaux communs et les algues assez aisément visibles, qui caractérisent les eaux coralliennes de Polynésie. Nous passerons donc sous silence, toute la faune interstitielle des fonds sableux, et une foule d'êtres microscopiques ou constamment cachés.

Les algues

Les algues constituent le principal peuplement végétal des eaux polynésiennes. Elles forment le premier maillon de la chaîne alimentaire marine, le seul réalisant la synthèse des substances organiques à partir de sels minéraux et du gaz carbonique dissous dans l'eau. Cette propriété est liée à la présence d'un pigment vert, la chlorophylle, leur permettant l'utilisation de l'énergie lumineuse solaire. Elles possèdent en outre d'autres pigments en proportions variables qui masquent la teinte verte classique, conditionnent leur couleur apparente et aident à leur classification. Elles vivent soit fixées sur le fond (algues benthiques), soit en suspension dans l'eau (algues planctoniques), soit flottant à la surface (Sargasses). Elles se reproduisent le plus souvent par sporulation. Le recouvrement algal, tant sur les récifs qu'en lagon, est en rapport direct avec l'agitation de l'eau. A partir des caractères morphologiques, cytologiques et biochimiques, on différencie quatre groupes d'algues nettement individualisés : Cyanophycées, Rhodophycées, Chlorophycées, Pheophycées, à l'intérieur desquels le polymorphisme est extrême.

Les Cyanophycées ou algues bleues

Il est exceptionnel que ces plantes puissent être déterminées sans microscope. C'est pourtant le cas de *Lyngbya majuscula.* Cette espèce, fixée à des substrats peu profonds, forme des touffes muqueuses de filaments noirâtres, emmêlés en eau calme, en mèches quand l'eau est plus agitée. Quand elle est très développée, elle constitue des sortes de pelotes de cheveux. Les autres Cyanophycées se présentent en larges placards, associés le plus souvent à des bactéries, des levures et d'autres algues microscopiques telles que des diatomées. Ces amas mixtes sont aisément reconnus à leur couleur, leur consistance et leur répartition. A travers le masque, ils apparaissent brun-violacé, rouge-veineux ou franchement noirâtre. Les teintes varient d'ailleurs suivant les localisations. Au toucher, la plante mouillée est gluante ou gélatineuse. Des enduits importants d'algues bleues se rencontrent indifféremment sur les fonds sableux lagunaires, les platiers récifaux immergés ou les flaques de haut niveau émergées à marée basse. Ce sont les végétaux les plus résistants aux élévations de température, à la sécheresse ainsi qu'aux variations de salinité.

Rhodophycées ou algues rouges

Dans l'eau, leur couleur rose, rouge-lie-de-vin, ou brun-rougeâtre, les fait ressembler à des Cyanophycées, avec lesquelles elles ont des affinités marquées. Certaines ont l'aspect de petites touffes muqueuses de quelques centimètres *(Calosiphonia),* d'autres sont filamenteuses et entrent dans la constitution des gazons de platiers *(Herposiphonia, Laurencia, Lophosiphonia).* Mais ces algues sont surtout remarquables du fait de leur fréquente calcification, suivant divers modes : par articles, la plante reste souple dans son ensemble *(Jania)* ; en masse, l'algue prend la consistance de la pierre et ressemble à du corail (Mélobésiés ou Lithothamniés, Squamariacés). Les Mélobésiés sont les plus nombreuses et se présentent sous forme d'encroûtements lisses de couleur mauve ou rosée *(Porolithon)*, pourpre ou jaunâtre *(Chevalliericrusta)*. Elles participent à la formation de la crête algale bien développée des récifs battus et jouent un rôle considérable dans la construction récifale.

Chlorophycées ou algues vertes

Leur taille varie de quelques millimètres à plus de 20 centimètres de long. Si leur couleur verte est caractéristique, quelques-unes sont noirâtres, d'autres blanches par incrustation calcaire. Elles revêtent la forme de filaments ramifiés *(Cladophora)*, de plumes *(Bryopsis)*, de feuilles de salade *(Ulva)*, de tubes *(Enteromorpha)*, de sphères *(Valonia)*, de vers *(Noeméris)*, de masses verruqueuses *(Dictyosphaeria)*, de réseaux foliacés *(Microdictyon)*, d'éponges fines *(Boodlea)*, ou de cylindres spongieux dichotomes *(Codium)*. Les *Caulerpa* ont un aspect complexe, avec stolon rampant, crampons de fixation au substrat et expansions verticales. Les *Halimeda* sont articulées et calcifiées par articles. Ces deux derniers genres rassemblent plusieurs espèces communes en Polynésie. Certaines Chlorophycées s'associent parfois à des Cyanophycées pour s'incruster dans les cailloux coralliens et induire une teinte grisâtre. Les genres *Ulva* et *Enteromorpha*, prolifèrent électivement en eau polluée, et plus particulièrement au niveau des quais d'accostage des bateaux ou sur leur coque.

Phéophycées ou algues brunes

Relativement rares en Polynésie, elles ont une teinte

dominante brunâtre. Elles sont filamenteuses *(Ectocarpus),* globuleuses *(Hydroclathrus),* disposées en lames, appliquées sur le substrat *(Pocockiella),* en bouquets *(Turbinaria),* ou ont une forme d'éventail avec incrustations calcaires blanches *(Padina).* Les Sargasses enfin sont de grandes plantes pouvant mesurer plus d'un mètre de long avec tiges, feuilles, flotteurs. Mêlées à d'autres algues filamenteuses, des Phéophycées participent à la constitution de véritables gazons sous-marins complexes colonisant certains platiers ou encroûtant les débris coralliens morts. La présence en abondance de *Padina* sur des fonds sableux peu profonds, est une bonne indication de pollution.

Les spongiaires

Les éponges sont les plus simples de tous les animaux marins pluricellulaires. On s'est d'ailleurs longtemps demandé en examinant superficiellement ces organismes aux formes et tailles diverses s'il s'agissait d'animaux ou de végétaux. Ce sont soit de petits agrégats croûteux fixés sur les supports les plus divers (roches, coraux morts, coquillages vivants), soit des masses hémisphériques ou cylindriques de plusieurs décimètres de diamètre. Ils ressemblent à des champignons, à des coupes, à des vases ou encore à de belles arborescences. Ils présentent des couleurs variées dans différents tons de gris, brun-orange ou rouge, parfois ternes, parfois brillants ; certaines espèces de profondeur sont fluorescentes. Leur surface, souple ou rêche, est criblée de petits trous, les pores inhalants, et percée de place en place par de larges pores, les oscules.

Les éponges sont constituées de parties molles et d'éléments de soutien tenant lieu de squelette. Les parties molles, faites d'un tissu d'une remarquable élasticité, sont creusées de canaux et lacunes communiquant à la fois avec le milieu ambiant et la cavité interne. Suivant la complexité de l'organisation, on distingue divers types d'éponges, mais aucun ne possède d'organe proprement dit. Le squelette est composé soit de spicules siliceux ou calcaires aux formes multiples, soit de fibres de spongine, substance organique cornée, soit de spicules et fibres.

Aucun signe de vie, aucune réaction, aucun mouvement ne semblent animer ces êtres, toujours amarrés, au stade adulte, à un substrat dur, et dont la biologie est très simple. Les particules nutritives et l'oxygène sont prélevés dans le courant d'eau qui pénètre dans l'animal à travers les pores inhalants, traverse la cavité interne et ressort par l'oscule. Les Spongiaires sont des êtres sexués. La reproduction s'effectue soit par fécondation, soit par multiplication végétative. Dans ce dernier cas, un individu donne naissance à une colonie d'éponges dont les parois se soudent, les canaux s'entremêlent et les divers individus ne se reconnaissent qu'au nombre des oscules. Les éponges sont douées d'un remarquable pouvoir de régénération et peuvent reconstituer un organisme entier à partir d'un fragment.

Les Spongiaires suivant la structure de leur squelette, se subdivisent en trois classes : les Démosponges, les Hyalosponges et les Calciponges.

Les Démosponges rassemblent les espèces d'eau peu profonde, les plus communes en Polynésie. Elles sont polymorphes et souvent vivement colorées. Les unes sont cornées *(Euspongia, Hippospongia, Cacospongia, Aplysina, Halisaria, Agelas).* D'autres ont un squelette siliceux *(Chondrosia, Axinella, Suberites* et l'éponge perforante *Cliona*).

Les Calciponges ou éponges calcaires vivent généralement en petites colonies sphériques ou arborescentes de taille réduite, dans des anfractuosités, sous des débris coralliens, sous des corps étrangers immergés ou à l'intérieur d'habitacles abandonnés par d'autres animaux marins.

Les Hyalosponges sont pratiquement absentes à faible profondeur dans nos eaux.

Les cnidaires ou coelentérés

Dans l'échelle de l'évolution, ces êtres pluricellulaires occupent le niveau le plus bas parmi les animaux possédant une différenciation organique. Ils sont néanmoins très simplement structurés et composés essentiellement de deux couches cellulaires épithéliales, séparées par une couche gélatineuse entourant une cavité interne gastrovasculaire qui communique avec l'extérieur par un orifice unique. Ils présentent une grande diversité de formes et d'adaptations, regroupant des organismes apparemment aussi différents que les méduses, les anémones et les coraux. On peut toutefois distinguer deux modèles de base à la fois sur les plans morphologique et biologique : la méduse et le polype. La méduse est la forme libre ; son aspect évoque une cloche, un disque ou une ombrelle, plus ou moins transparente, de consistance gélatineuse ; sa bouche est située à la face inférieure du corps. Le polype, déjà décrit, est la forme fixée. Tous les Cnidaires sont des prédateurs se nourrissant d'éléments planctoniques qu'ils capturent grâce à des tentacules préhensiles, flexibles, armés de nématoblastes. Il s'agit de vésicules remplies de venin, fermées par un opercule surmonté d'un cil en forme de gachette. L'effleurement de ce cnidocil provoque l'ouverture de l'opercule et la projection du liquide venimeux aux propriétés anesthésiantes et paralysantes pour les proies, parfois traumatisantes pour l'homme. Leur mode de reproduction se caractérise par l'alternance de générations sexuées et asexuées. Les larves s'appellent des planules ; elles sont soit fixées, soit mobiles et ont un stade planctonique. A l'âge adulte, ces animaux se présentent en individus isolés ou en colonies de taille et complexité variables.

Les trois classes qui composent cet embranchement, Hydrozoaires, Scyphozoaires et Anthozoaires, sont représentés de façon inégale en Polynésie.

Les Hydrozoaires, rassemblent Hydraires, Hydrocoralliaires, Siphonophores et Hydroméduses.

Les Hydraires se présentent en touffes souples, fines, de quelques millimètres à quelques centimètres de diamètre, attachés à des substrats peu profonds.

L'Hydrocoralliaire le plus commun appartient au genre *Millepora.* Il s'agit d'un corail largement distribué sur la plupart des récifs dont il contribue à l'édification. Caractérisées par un squelette polypoïde calcaire massif, les colonies vertes ou brunes de millepores se dressent verticalement et émettent des rameaux aplatis, de longueur variable, orientés perpendiculairement aux courants ou à la houle dominante. Leur surface laisse suinter un liquide aux effets urticants qui a valu à cet animal le surnom de corail de feu. On trouve parfois aussi de petites arborescences coralliennes roses, violettes ou jaunes, de *Distichopora* ou *Stylaster.*

Les Siphonophores fréquentant sporadiquement nos eaux sont des physalies, organismes coloniaux polymorphes composés de plusieurs types d'individus polypoïdes, aux fonctions diverses, attachés à un corps flottant médusoïde. On les reconnaît aisément à ce flotteur bleuté, de 10 à 20 centimètres de diamètre et aux nombreux appendices filiformes qui y sont appendus dont certains ont plusieurs mètres de long. Animaux pélagiques, les physalies vivent à la surface de l'Océan et sont parfois poussées vers nos récifs par des vents et courants favorables.

Chez les Hydroméduses et **les Scyphozoaires,** le stade méduse est prédominant. Ces organismes se présentent avec un flotteur de forme variable, irisé de rose, bleu ou mauve-pastel. Sous ce corps de quelques centimètres à une trentaine de centimètres d'envergure s'insère une sorte de tube dont l'extrémité libre s'ouvre sur une bouche unique ou se transforme en plusieurs petits suçoirs. Des tentacules périphériques souvent nombreux forment des filaments ou franges sensoriels. Ces animaux pélagiques sont de mauvais nageurs et ils sont, comme les physalies, à la merci des vents et des marées qui de temps en temps les conduisent vers nos rivages.

Le mot **Anthozoaires** veut dire animal fleur et il convient aussi bien aux espèces solitaires, dont le polypier, généralement grand et voyant, ressemble effectivement à une fleur, qu'aux espèces coloniales dont on pourrait prendre les constructions pour des arbrisseaux ou des buissons ornés de petites fleurs délicates. Chez tous les Anthozoaires la cavité gastrovasculaire est cloisonnée radialement et prolongée par des tentacules creux entourant la bouche. En général les sexes sont séparés, les gonades étant situées dans les cloisons gastriques. La reproduction se fait par des œufs qui, une fois fécondés, donnent naissance à des larves minuscules qui se fixent sur le fond et se métamorphosent en polypes. Ceux-ci par gemmation peuvent engendrer une colonie dont les membres ont des cavités gastrovasculaires communiquant souvent entre elles, si bien que les aliments sont distribués uniformément à la colonie. La classe des Anthozoaires se compose des Alcyonaires ou Octocoralliaires (dont les polypes ont huit tentacules et la cavité gastrique est compartimentée par huit cloisons radiales) et les Hexacoralliaires qui possèdent six cloisons radiales et dont le nombre de tentacules est un multiple de six.

Les Alcyonaires les plus fréquents en Polynésie se trouvent dans les ordres des Alcyonacés et des Gorgonacés.

Les Alcyonacés sont parfois appelés des coraux mous car ils ont une consistance charnue. Ils ne possèdent pas de véritables squelettes. Les polypes se prolongent dans toute la colonie, et en cas de danger, s'y enfoncent complètement. On les trouve de préférence sur les pentes externes des récifs-barrières des îles hautes. Elles se présentent en colonies encroûtantes de taille variable, à surface cérébriforme ou faiblement mamelonnée *(Cladiella)*, bosselée à lobes plus ou moins épais *(Lobophytum, Sinularia, Sarcophiton)* dont la teinte varie du jaune au gris brun.

Les Gorgones sont assez peu nombreuses en Polynésie à faible profondeur. Elles sont connues sous le nom de corail noir. On peut rencontrer des gorgones-éventails *(Melitheae)* dont le squelette est constitué d'une branche axiale cornéo-calcaire aux ramifications cornées flexibles, aplaties et développées dans un seul plan. La taille des colonies, qui ont une teinte brun-noirâtre, va de quelques centimètrese à un à deux mètres.

Dans les gorgones-fouets, le polype, au lieu de croître suivant le mode ramifié, se développe en une souche unique, qui le fait ressembler à un fouet atteignant souvent de un à trois mètres de long. Ces Gorgones s'observent à l'extérieur des récifs à plus de 15 mètres de fond.

Les Hexacoralliaires sont beaucoup plus familiers dans le décor Polynésien et sont surtout représentés par deux ordres.

Les Zoanthaires couvrent parfois de larges surfaces de récifs surtout aux abords des passes. Ils forment des colonies incrustantes dépourvues de tout soutien squelettique. La surface des polypes dont la teinte varie du jaune au vert-olive est souvent recouverte de sable et de vase, amalgamée par une sécrétion muqueuse. Le genre le plus fréquemment observé est *Palythoa*.

L'ordre des Actiniaires est de beaucoup le plus important et le plus représentatif. Il comprend les Actinies qui mènent une existence solitaire et les Madrépores qui vivent en colonies.

Les Actinies ou anémones de mer sont complètement dépourvues de structure squelettique. Elles se fixent aux rochers ou à d'autres objets sous-marins au moyen du disque adhésif dont est muni leur pied. Leurs tentacules rétractiles souvent très nombreux sont disposés en cercles concentriques autour de la bouche.

Plusieurs espèces, de petite taille (quelques centimètres) et de couleurs diverses, habitent nos récifs et lagons, ancrées dans des anfractuosités, sous des débris coralliens morts *(Boloceroïdes, Triactis),* ou dans des cuvettes basaltiques superficielles *(Cladactella, Anthopleura).* Mais les plus remarquables et aussi les plus belles sont les anémones *Stoichactis* à la robe orange ou rose dont la taille oscille entre 15 et 40 centimètres et qui suivant que les tentacules sont tendus ou rétractés, ont des apparences de dahlia ou de tomate. L'anémone rose commune est célèbre pour l'hospitalité qu'elle accorde fréquemment à des poissons demoiselles.

Les Madrépores sont les vrais coraux de récifs, dont ils sont les principaux bâtisseurs. Ils se caractérisent par la production d'un squelette calcaire extérieur aux polypes, sur les cloisons internes duquel adhèrent les tissus vivants. Leurs morphologie et biologie ont été décrites précédemment. Leur identification n'est pas toujours aisée étant donné la multiplicité des formes et des couleurs, même au niveau des espèces dans certains cas. C'est pourquoi la classification empirique imagée qui distingue les coraux en cérébroïdes, branchus, nids d'abeilles, champignons, boules, salades, tables, pantoufles entre autres se superpose mal à la classification scientifique, qui différencie des formes libres et des formes fixées. Les premières sont représentées surtout par des *Fungia* arrondis, aplatis, dont la face supérieure évoque un champignon et les *Herpolitha* (coraux pantoufles), plus allongés, plus massifs, dont le dessus est creusé d'un sillon central duquel partent de multiples lamelles obliques.

Mais la plupart des madrépores sont fixés à l'état adultes. Les *Acropora* sont parmi les coraux les plus communs, les plus beaux, les plus colorés et les plus polymorphes de Polynésie. Ils entrent pour une grande part dans la construction de nos jardins calcaires multicolores. Jaunes, bruns, verts, mauves ou bleutés, suivant les espèces, les variétés et les lieux d'implantation, ils se développent en branches plus ou moins ramifiées ou en parasols atteignant parfois de grandes dimensions. Une vingtaine d'espèces peuplent nos récifs. Les *Montipora* forment des colonies encroûtantes, poreuses, irrégulières d'aspect boursouflé ou cupulaire, d'une trentaine de centimètres d'empâtement, violettes, brunes, rosées ou vertes. Les *Porites* forment des colonies massives à calices non saillants, dont la surface relativement lisse et souvent verdâtre est constellée de minuscules pores. Leur taille varie dans des proportions importantes depuis la simple excroissance arrondie au large bloc en forme de boules de trois à quatre mètres d'envergure. Un autre Poritidé relativement commun appartient au genre *Goniopora.* Ses colonies massives arrondies, grises, vertes ou brunes, excèdent rarement 30 centimètres de diamètre. Ses polypes sont souvent évaginés durant le jour. Il suffit d'approcher la mains, pour les voir se rétracter et laisser apparaître le squelette calcaire sous-jacent. Les *Pocillopora* sont de petits coraux trapus en bouquets aux ramifications épaisses et courtes, jaunes, roses ou vertes, en forme de choux-fleurs, comme les *Stylophora* pourpres ou bleus, avec lesquels on peut les confondre quand leur taille est réduite. Les madrépores du genre *Lobophyllia* forment des colonies vertes ou brunes, remarquables par leurs polypes larges, épais, très saillants, aux contours sinueux, toujours séparés les uns des autres. Les coraux *Acanthastrea, Favites* et *Favia* sont caractérisés par des polypes de grande taille soudés les uns aux autres. La texture de leur surface de couleur fauve ou gris-vert évoque des nids d'abeille. Les colonies dépassent rarement une trentaine de centimètres. La distinction se fait sur la forme des calices. La forme méandroïde des polypiers brun-vert de *Platygira* dont les colonies en larges boules atteignent parfois près de deux mètres de diamètre, leur a valu la qualification de coraux cerveaux. Les colonies de *Pavona,* en forme de corbeilles, évoquent des feuilles de salade. Les *Turbinaria* ont un aspect foliacé, avec des colonies blanc-crème, dépassent parfois un mètre de diamètre. Les polypes sont très apparents et bien séparés les uns des autres, comme ceux des *Dendrophyllia* et *Coenopsammia* qui se présentent en tiges de couleur orange-brillant. Ces trois derniers coraux ont souvent leurs tentacules déployés pendant le jour.

Les annelides

Les vers de cet embranchement rencontrés dans nos eaux, appartiennent à la classe des Polychètes. Ils possèdent un corps allongé segmenté, une cavité générale, un tube digestif et une chaîne nerveuse traversant toute la longueur du corps, des sexes séparés. Les segments sont tous semblables et porteurs d'expansions sur lesquels s'implantent des soies locomotrices, à l'exception du premier et du dernier, plus ou moins différenciés. Beaucoup d'espèces sont errantes dans le sable ou les fentes de rochers. Prédatrices, elles se nourrissent de proies vivantes. Elles ont une région céphalique individualisée. D'autres, sédentaires, édifient des tubes transitoires ou définitifs, sur fond de sable, de vase ou de corail. Leur tête est indistincte du corps. La plupart sont microphages, des appendices couverts de cils vibratiles déterminent des courants d'eau qui amènent les particules alimentaires à la bouche. Quelques-unes sont planctoniques et pélagiques.

Seuls certains Polychètes sédentaires ont attiré notre attention parce qu'ils peuvent intriguer le promeneur sous-marin par leurs silhouettes insolites ou leurs panaches rétractiles.

Les Arenicoles, présentent une trompe dévaginable, molle et garnie de petites papilles au sommet de leur corps tubulaire blanc ou rose et des branchies arborescentes sur la partie moyenne et postérieure du corps. Ils vivent dans un tube réduit à une simple galerie transitoire creusée en U dans le sable, et dont l'extrémité postérieure est révélée par un tortillon représentant le sable excrété par l'animal après en avoir extrait les éléments nutritifs.

Les Sabelles, représentées en Polynésie par des spirographes, fabriquent à l'aide du mucus qu'elles sécrètent des tubes de plusieurs centimètres de long implantés verticalement dans le sable et dans lesquels ils vivent à demeure. La partie émergée cylindrique, membraneuse et souple à l'aspect d'un tube de caoutchouc gris. Le premier segment porte une collerette et un grand panache branchial multicolore qui entoure la bouche et s'épanouit en entonnoir quand l'animal n'est pas inquiété. Les Serpules les plus fréquentes de nos rivages sont les spirorbes ou spirobranches. Ils creusent dans les coraux ou les algues calcaires des tubes spiralés qu'ils peuvent obturer à l'aide d'un opercule entraîné par un muscle puissant. Mais très souvent, ils laissent apparaître des touffes branchiales aux couleurs vives et variées, dont la forme évoque des sapins en miniature et qu'ils rétractent à la moindre alerte. Les microorganismes dont ces espèces tubicoles se nourrissent viennent adhérer aux filaments branchiaux et sont drainés vers la bouche par une gouttière ciliée.

Les mollusques

Pour cet embranchement, nous rappellerons seulement quelques notions très générales concernant les espèces benthiques les plus communes de nos rivages. Il a en effet été traité dans le détail récemment dans le remarquable ouvrage « Coquillages de Polynésie » de Salvat et Rives auxquels on peut se référer pour toutes les informations précises. Les Mollusques sont des animaux au corps mou, non annelé, divisé en trois parties. La région céphalique, où se trouve la pièce buccale appelée radula, est sensorielle. La région dorsale est viscérale. Elle renferme une cavité palléale qui élabore un manteau et parfois une coquille. La région ventrale est musculaire, dotée d'un pied qui permet les déplacements. Ces caractères de base ont subi au cours de l'évolution des transformations et des adaptations tellement multiples qu'on se trouve en présence d'un nombre d'espèces très important et de toute une variété de tailles, de formes, de couleurs, et de modes de vie. Quatre classes de Mollusques sont présentées, en proportions très inégales en Polynésie.

Les Polyplacophores ou Chitons ont un corps vermiforme, aplati, couvert de plaques calcaires noires ou vertes, sans coquille vraie. Ce sont les plus simples de tous les mollusques. Ils vivent sur les rochers calcaires ou basaltiques. Ils sont microphages.

Les Gastropodes possèdent un corps habituellement asymétrique, une tête distincte avec une ou deux paires de tentacules, deux yeux et un pied charnu. Leur taille se situe entre quelques millimètres et 50 centimètres. Leurs habitudes alimentaires et modes de reproduction sont très variés. Cette classe est bien représentée en Polynésie surtout par des coquillages à une valve (Prosobranches), très prisés des collectionneurs et fabricants de curios et quelques limaces de mer démunies de coquilles (Nudibranches). Les premiers se distinguent en trois grands ordres.

Les Archéogastropodes, rassemblent des animaux benthiques de petite taille (quelques centimètres), aux coquilles conique, auriforme, patelliforme, turbinée ou trochiforme, à ouverture non échancrée, avec fréquente présence de nacre à l'intérieur du test. Ils sont herbivores et ont pour noms, oreilles ou abalones *(kaparari),* patelles *(mapihi),* fissurelles, nérites *(hihi),* tarbo *(maoa),* trocas.

Les Mésogastropodes ont un test généralement turriculé, dont l'intérieur n'est jamais nacré. Leurs modes alimentaires et leurs habitats sont polyvalents. Les membres de ce groupe sont nombreux. Citons les bigorneaux ou littorines, soleils, cérithes, dont la taille excède rarement quelques centimètres. Les vermets *(uouo, muko, tio)* sont fixés à des madrépores par un long tube calcaire duquel, sortent des filaments muqueux rétractiles destinés à la capture des proies. Ils font penser à des annélides tubicoles.

Les strombes, lambis et ptérocères, plus connus sous les noms familiers de sept doigts, scorpions, peignes ou araignées *(putara, kurearea),* herbivores, ont une taille plus élevée (10 à 30 cm). Les porcelaines *(poreho)* remarquables par la forme hémiovoïde, la couleur et le

---

Le manteau des bénitiers Tridacna maxima *glisse entre les valves sinueuses pour recevoir la lumière solaire. Celle-ci est indispensable à la survie des Zooxanthelles vivant dans ses tissus et auxquelles il doit partiellement ses teintes bariolées.*

vernis de leur coquille, sont des animaux omnivores à tendance végétarienne, actifs surtout la nuit. Les natices, à test lisse possèdent un pied volumineux qui leur permet d'enserrer les proies dont ils se nourrissent et une radula en forme de trompe, adaptée au percement des coquilles d'autres mollusques pour en aspirer les tissus vivants. Les casques, cassis et tonnes *(pu vahine)* les tritons ou conques *(pu),* sont les plus grands des Gastropodes, atteignant aisément 20 à 40 centimètres. Ils sont devenus rarissimes à Tahiti.

Les Néogastropodes, très polymorphes, pourvus d'un siphon bien développé, carnivores, ubiquistes, sont représentés par de très nombreuses espèces. La dimension des coquilles varie de quelques millimètres à une vingtaine de centimètres. Ils rassemblent les drupes, les murex au test hérissé d'excroissances calcaires épineuses, les buccins ou escargots de mer, les olives, les mîtres, les harpes, les cônes dotés d'un appareil venimeux et dont la manipulation de certaines espèces doit se faire avec précaution, les térèbres.

Chez les Nudibranches, une espèce de pleine eau, souvent appelé foulard de mer, est remarquable par la grande taille de son manteau (40 à 50 centimètres d'envergure), sa coloration rouge, sa nage ondulante gracieuse.

Les Bivalves sont caractérisés par deux valves inégales, articulées par une charnière, moulant un corps aplati latéralement et sans tête différenciée. La masse viscérale, centrale, se prolonge vers le bas par un pied en forme de hache. Elle est entourée par un manteau à deux lobes palléaux qui sécrètent les coquilles, la nacre interne et éventuellement les perles. Les bordures du manteau sont charnues et souvent très colorées. La bouche est entourée de palpes labiaux où sont déposés les particules alimentaires que ces mollusques microphages filtreurs puisent dans l'eau de mer. Ces mollusques vivent fixés aux madrépores ou carrément enchâssés dans le substrat grâce à un byssus puissant. Ils sont représentés par relativement peu d'espèces. Les arches, moules et palourdes, toutes de petite taille, affectionnent certains littoraux très battus. Les lithophages ont la propriété de percer les madrépores. Certaines pinnes (13 à 15 cm) ont une coquille triangulaire fragile, blanchâtre ou translucide. D'autres plus grandes (30 à 40 cm) appelées jambonneaux, portent une coquille noire solide, subovale, sculptée de rides radiales. Les nacres *(mórori)* ou huîtres perlières à lèvres et à valves noires dissymétriques constituent une des principales ressources marines lagunaires. Elles prospèrent dans certains lagons des Tuamotu et des Gambier. Les pectens, petits bivalves aux coquilles vivement colorées en rose ou pourpre, se complaisent parmi les cailloutis lagunaires. Les spondyles sont remarquables par leurs valves très dissymétriques, la droite très épaisse étant toujours fixée au substrat, et leur manteau bordé d'yeux minuscules. Ce sont avec les nacres et les bénitiers, les bivalves polynésiens, qui peuvent atteindre les plus grandes dimensions. Plusieurs espèces d'huîtres, de diverses tailles, peuplent électivement certaines îles. Elles portent des valves très tourmentées et sont fixées au substrat par la valve gauche. Les chames, fortement inéquivalves et aux coquilles épaisses, fréquentent les endroits battus des récifs extérieurs. Nous avons gardé pour la fin de notre énumération les tridacnes plus connus sous le nom de bénitiers ou *pahua.* Leur description est superflue tant ils sont familiers de nos lagons et récifs avec leurs coquilles aux lèvres sinueuses qui laissent apparaître les franges multicolores des manteaux.

Les Céphalopodes, qui forment le groupe le plus évolué des mollusques, sont essentiellement représentés en Polynésie par les pieuvres, poulpes ou fee. Ce sont des animaux de quelques décimètres d'envergure, à symétrie bilatérale dont l'extrémité antérieure du pied est transformée en huit longs bras hérissés de ventouses sessiles. Ces bras entourent complètement la tête qui porte une bouche avec un bec de perroquet et une radula. Les pieuvres possèdent une poche du noir qui leur permet de rejeter un nuage d'encre en cas d'attaque. Leur système nerveux est très développé. Ce sont des nageurs sédentaires carnivores, dotés de qualités mimétiques leur permettant de prendre la couleur des fonds coralliens où elles gîtent.

Les crustacés

Ces Arthropodes aquatiques, jouant en mer le rôle des insectes sur terre, possèdent des formes variées à l'âge adulte, alors que leur forme larvaire est assez uniforme. Cependant tous se composent d'un céphalothorax d'une seule pièce, prolongé par un rostre en dents de scie, un abdomen formé de sept anneaux articulés, de nombreux appendices dont deux yeux pédonculés, deux paires d'antennes, un appareil buccal, cinq paires de pattes locomotrices, cinq paires d'appendices, disposés sous l'abdomen, sauf au dernier anneau appelé telson. Ces appendices jouent plusieurs rôles. Ils servent entre autres à la nage et, permettent à la femelle de retenir les œufs fécondés jusqu'à l'éclosion. La dernière paire forme parfois avec le telson, ce qu'on appelle la nageoire caudale. Le corps des crustacés est recouvert d'une cuticule incapable de s'agrandir. Pour croître, l'animal doit donc subir des mues, dont le nombre et la fréquence varient suivant les espèces. L'amputation ou la mutilation spontanée d'un appendice ou autotomie est avec la mue, un des caractères biologiques spécifiques des crustacés. Provoquée par la contraction réflexe brutale d'un muscle rattachant deux articles, elle permet à l'animal en danger de laisser par exemple une de ses pinces à l'agresseur sans problème pour sa survie. Sur la partie blessée apparaissent bientôt des bourgeons qui donneront une pince ou une patte miniature de rechange. Les crustacés sont ovipares. Chaque œuf après une incubation pouvant durer de quelques heures à plusieurs jours, suivant les espèces, donne un nauplius, sorte de larve à vie planctonique, au corps non segmenté, avec un œil unique central et trois paires d'appendices, qui subit plusieurs transformations avant de parvenir à son état adulte.

Il est hors de propos de passer en revue l'ensemble des crustacés qui peuplent les eaux de Polynésie. La majorité d'entre eux font partie du plancton. Ce sont des crustacés dits inférieurs, du groupe des Entomostracés. Nous porterons notre intérêt sur le groupe des Malacostracés, ou crustacés supérieurs qui rassemble les formes comestibles, donc de taille relativement élevée, et assez bien connus. Ils intéressent essentiellement deux super-ordres celui des Stomatopodes et celui des Eucarides.

Les crustacés stomatopodes sont principalement représentés en Polynésie par des squilles appelées *varo (Pseudosquila ciliata).* Ils possèdent une carapace peu développée, fusionnée en avant, et laissant découverts les quatre derniers segments. Les téguments sont peu calcifiés, de couleur blanchâtre ; le corps est déprimé. L'abdomen est très développé et disproportionné par rapport au reste du corps. Ces crustacés carnivores marchent et nagent. Le mâle et la femelle vivent ensemble dans un trou cylindrique de quelques centimètres de diamètre, creusé généralement dans du sable vaseux, duquel ils guettent, à demi-sortis, leurs proies. Ces crustacés devenus rares en Polynésie sont très appréciés par les gourmets.

Mais la plupart des crustacés marins comestibles se

trouvent parmi les **Eucarides** et plus particulièrement, dans l'ordre des Décapodes qui rassemble les plus différenciés d'entre eux. Ces animaux ont cinq paires de pattes locomotrices, ils présentent un grand polymorphisme du corps et des appendices, ainsi que des comportements variés. En général, l'une des cinq paires de pattes locomotrices est terminée par une grosse pince qui n'intervient pas dans la locomotion. Néanmoins tous les Décapodes sont des crustacés marcheurs ou nageurs, qu'on distingue en deux types principaux : Macroure et Brachyoure et un type secondaire Anomoure, intéressant les pagures, davantage terrestres que marins. Les Décapodes Macroures ont un corps long, subcylindrique, un peu comprimé latéralement. Les appendices sont plutôt grêles et certains portent une pince. Ce groupe renferme les langoustes, langoustines, crevettes et cigales de mer.

Les langoustes *(oura miti)* appartiennent à l'espèce *Panulirus penicillatus.* Ce sont de gros animaux, de 30 à 40 cm, à la taille adulte, de couleur gris-vert sombre, au corps entièrement recouvert d'un tégument résistant. Le céphalothorax est hérissé de pointes et terminé à l'avant par un double rostre épineux. Elles vivent sur le versant océanique des récifs extérieurs et montent la nuit sur le platier. La cigale de mer ou *tianee* a une plus petite taille, elle appartient à l'espèce *Parribacus antarticus.* Le céphalothorax très développé et aplati, est prolongé en avant par des palettes très larges bordées de pointes. Les yeux pédonculés sont protégés par la carapace. Son habitat d'élection se situe dans les atolls où elle affectionne les fonds de sable. Sa chair très fine a une saveur supérieure à celle de la langouste commune. La plus connue des langoustines est *Stenopus hispidus,* avec une robe rouge et blanche et de longues antennes, elle se cache dans les trous coralliens des récifs-barrières. Les crevettes, de mœurs généralement pélagiques, sont surtout des Pénéides au corps grêle.

Les Décapodes Brachyoures ou crabes proprement dits sont des crustacés de toutes tailles, à corps ramassé avec l'abdomen replié sous un céphalothorax très étalé latéralement et plus ou moins déprimé. Les appendices sont en général plus courts et plus forts que chez les Macroures. D'autre part, seule la première paire est modifiée en pince. De plus l'abdomen porte, chez la femelle, deux paires d'appendices chevelus servant à semer les œufs, chez le mâle deux paires de stylets. Une épaisse carapace couvre tout le dos. Les principales espèces polynésiennes appartiennent aux familles des Portunides, Xanthidés, Grapsidés et se rencontrent dans trois types d'habitats bien différenciés : la vase, le récif, le sable des lagons. Parmi les crabes de vase nous retiendrons une grosse étrille, *upai (Scylla serrata)* dotée d'une paire de pattes nageoires ponctuées, d'une carapace verdâtre dentelée en avant, et le tourlourou à pince rouge *(Uca sp.),* qui vit dans des trous creusés sur les fonds détrempés à peine recouverts d'eau à marée haute ; il s'y enfonce à la moindre alerte, ne laissant dépasser que sa grosse pince rouge.

Les crabes de récif, très nombreux, sont représentés par plusieurs espèces assez communes que l'on différencie d'après l'aspect de la carapace. Le *tutuau, Carpilius maculatus* (12 cm) en porte une de couleur saumon ou crème, lisse et brillante, avec trois grosses taches régulières rouge-vif. Celles des *paapaa taero* sont plus petites (5 à 6 cm), légèrement bosselées, rouges tachées de jaune chez *Carpilius convexus,* roses parsemées de grosses pustules rouges irrégulières chez *Atergatus floridus,* gris-brun chez *Platypodia granulosa,* délicatement couvertes d'une mosaïque brique-brune chez *Zosimus aeneus.* La chair de ces quatre derniers crabes est parfois vénéneuse. L'espèce *Daira perlata* (8 cm) arbore un bouclier marron-clair mamelonné de petites nodosités arrondies, brillantes. Un autre crabe de récif, le rokea *(Parthenopus horrida),* abonde dans les atolls. Sa carapace triangulaire est rugueuse et couverte d'aspérités calcaires lui donnant un aspect de corail mort. Ses longues pattes sont bosselées.

Les crabes de sable se distinguent aussi grâce à la forme et à la couleur de leurs carapaces. Nous signalerons l'armure gris-brun, prolongée latéralement par deux pointes acérées chez le *paapaa tararoa, Portunus sanguinolentus ;* rose tachetée de macules lie-de-vin, à bordure en dents de scie, chez un autre *paapaa, Charybdis erythrodactylus ;* granitée, débordante, évoquant une pierre chez le *paapaa hou one, Calappa hepatica ;* tous ces crabes gîtent dans des fonds de sable blanc lagunaire près du rivage. Leurs trous se repèrent facilement aux nombreux petits tas de sable creusés d'une cheminée centrale qu'ils édifient.

L'*oromihi, Grapsus tenuicrustatus* enfin, dont la carapace bleutée est ponctuée d'orange dans sa partie antérieure, affectionne davantage les rochers frangeants basaltiques exposés à la houle des îles hautes non protégées par les récifs-barrières.

Les échinodermes

Ce sont des animaux aux formes diverses, mais dont l'organisation est fondée sur une symétrie radiaire pentagonale. Ils sont enveloppés d'un squelette externe fait de petites plaques calcaires, disposés différemment suivant les classes. Ils possèdent un tube digestif avec bouche et anus individualisés, une chaîne nerveuse dorsale, une cavité générale complexe, un système hémal contenant le sang. Les sexes sont séparés. La locomotion se fait à l'aide d'organes cylindriques érectiles périphériques, les ambulacres, qui se gonflent par l'introduction sous pression du liquide sanguin. En effet, ces ambulacres, à l'extrémité desquels se trouve une ventouse, sont intégrés dans un appareil très particulier, dénommé système aquifère. Il s'agit d'un réseau tubulaire communiquant à la fois avec l'extérieur et les vaisseaux sanguins et apportant de l'eau de mer à toutes les parties du corps. Il joue donc un rôle dans la respiration, la circulation, l'excrétion et la locomotion. La plupart des échinodermes polynésiens sont en effet libres. Ils ont des habitats et des régimes alimentaires très diversifiés. Ils sont représentés en Polynésie par cinq classes d'importance inégale.

Les Holothuridés ou concombres de mer ou *rori* possèdent un corps allongé, vermiforme semblable à un boudin ou parfois à une chenille, et dont la taille varie de quelques centimètres à plus d'un mètre. Leur squelette est formé de plaques fragmentaires disséminées, laissant la peau relativement souple dans toute son étendue, la bouche est entourée de dix tentacules ramifiés. Plusieurs espèces sont porteuses d'un poison très toxique pour les prédateurs, l'holothurine, fabriquée par un organe de défense spécial. Il s'agit de tubules que l'animal peut émettre par l'anus. Au contact de l'eau ils gonflent, s'allongent en fils ténus, évoquant des spaghettis et collent à tout ce qu'ils touchent, emprisonnant littéralement les victimes prises au piège. Ils n'épargnent pas éventuellement la main ou le pied d'un baigneur curieux qui éprouve alors toutes les peines du monde à se dépêtrer de cet enduit très désagréable. Les holothuries sont pratiquement adaptées à tous les environnements et à toutes les profondeurs. Beaucoup de formes de petite taille s'enfouissent dans des crevasses du récif échappant à la vue du plongeur. Mais les gros concombres de mer se voient en eau peu profonde sur les fonds sableux, sur les platiers ou sous des blocs de corail. Plusieurs espèces aux robes variées sont rencontrées en Polynésie. Ce sont des êtres paresseux. La plupart se fixent au substrat par leurs ambulacres, se déplacent par des contractions rythmiques du corps et appartiennent aux genres *Halodeima, Holothuria, Boadschia, Microthele, Thelenota.* Elles sont planctonophages ou détritivores. Seules les Synaptes, animaux fouisseurs arénivores au corps serpentiforme, long, mince et plat sont apodes et se meuvent par reptation.

Les Astéridés ou étoiles de mer ont un corps de forme pentagonale se composant généralement, d'un disque central et de cinq bras d'importance variable parfois subdivisés. Les téguments sont soulevés de petits nodules ou épines calcaires. La bouche est située au centre de la face ventrale du disque, face sur laquelle ces animaux se déplacent en glissant. Carnivores voraces, les astéries évaginent leurs estomac pour gober leur nourriture. Leur aptitude à la régénération est très importante. Trois espèces relativement connues, aux silhouettes très différentes ont retenu notre attention. La véritable étoile de mer est *Linckia multifora,* au disque plat et aux bras rigides, cylindriques à la peau rugueuse, de couleur crème ou brun-pâle. Elle atteint jusqu'à 35 cm d'envergure et se complaît sur certains fonds sablonneux. Mais l'espèce la plus répandue et la plus connue est *Acanthaster planci,* la *taramea.* C'est aussi une étoile de mer de grande taille mais d'aspect repoussant, à 15 bras, hérissée de piquants bruns, souples, qui peuvent infliger des piqûres très douloureuses. Elle vit électivement sur les madrépores dont elle se nourrit. Solidement adhérente à leur squelette, elle en extrait les polypes, contribuant

---

L'oursin noir Echinothrix diadema *qui s'abrite durant la journée dans les anfractuosités du récif, se déplace la nuit. On voit ici un* vana *avec ses longs piquants posé sur une colonie de* Porites.

parfois à la destruction des récifs. Plus paisible, *Culcita schmideliana* appelée *turua mao* ou coussin de requin, à l'apparence d'un pain brun verdâtre couvert de petites papilles râpeuses, donnant au toucher une consistance râpeuse. Il s'agit d'une véritable étoile de mer sans bras, vivant sur les coraux ou les fonds sableux. Cet animal de 20 à 25 cm de diamètre, abrite souvent dans sa cavité gastrique un petit hôte commensal, poisson blanc du genre *Carapus.*

Les Ophiuridés (5 à 6 cm) ont un disque central plus réduit que celui des étoiles de mer, et des bras plus minces, plus élancés et plus fragiles. Ils vivent cachés sous les débris coralliens lagunaires, se déplacent en ondulant comme des serpents, mais peuvent aussi nager. L'ophiure la plus commune est *Ophiocoma scolopendrina (maamaatai).*

Le terme échinoderme (peau épineuse) convient parfaitement aux Echinidés ou oursins, qu'on distingue souvent en réguliers et irréguliers. Les premiers, qui sont les plus nombreux, ont l'anus situé au pôle apical opposé à la bouche. Chez les irréguliers l'anus peut être placé en différents points du test, variables suivant les familles. Les oursins sont globuleux, ovoïdes, ou hémisphériques, limités par un test solide fait de plaques calcaires juxtaposées hérissées de piquants vulnérants de taille et de forme variables, entre lesquels s'élèvent des pédicellaires. Ces minuscules appendices, comparables à une pince à plusieurs mors, assument une fonction de nettoyage et enlèvent toutes les particules étrangères qui couvrent le test. Certains sont pourvus d'une glande venimeuse au rôle défensif. Les ambulacres sont répartis sur dix méridiens. Les gonades, sont attachés à la surface interne de la coquille. La bouche, située à la face inférieure du corps, est entourée de cinq dents appartenant à un appareil masticateur complexe appelé lanterne d'Aristote. Les oursins se nourrissent de matières organiques diverses et ont une activité plutôt nocturne. Beaucoup d'espèces habitent nos récifs et lagons, généralement inféodées aux formations coralliennes. Plusieurs sont consommées et portent des noms vernaculaires précis. Ainsi les oursins noirs ou *vana* sont représentés en cinq espèces appartenant à trois genres : *Echinothrix, Diadema, Astropyga.* On les différencie par la longueur et la forme des piquants, les iridescences et la teinte du corps. Les *vana,* dont les glandes génitales en période de maturité sexuelle constituent un mets délicieux, vivent en groupes plus ou moins importants, nichés dans les anfractuosités des récifs, ou autour de certains massifs coralliens lagunaires. Ils exigent dans l'ensemble des eaux assez claires fréquemment renouvelées. Aussi prospèrent-ils mieux dans les zones ouvertes sur l'océan, entre la surface et cinq mètres de profondeur. L'oursin blanc ou *ina (Echinometra mathaei)* de taille plus réduite, aux piquants moins développés ne présente pas d'intérêt alimentaire. En revanche, l'oursin crayon ou *fetue (Heterocentrus mamillatus)* aux piquants épais, de forme cylindrique ou prismatique à l'extrémité moussue, et de couleurs variées, est également consommé cru. Une autre forme comestible est le gros oursin brun ou *havae (Araesoma thetidis)* presque sphérique, aux piquants fins et courts que l'on fait cuire sur la braise avant la consommation. Les autres Echinides rencontrés appartiennent aux genres *Tripneustes, Rhinobrissus, Brissopsis, Laganum, Metalia, Echinocyanus, Echinostrephus.*

Les crinoïdes sont rares en Polynésie et c'est dommage car ces organismes dont les bras ramifiés sont semblables à des plumes multicolores, sont très élégants. Les formes présentes sont des comatules qui se fixent au substrat corallien par des appendices crochus appelés arres.

Les poissons

Ces animaux sont les acteurs les plus vivants, les plus mobiles, les plus hauts en couleur, les plus perceptibles du monde sous-marin. Ils ont déjà fait l'objet d'un ouvrage que les mêmes auteurs ont publié aux Editions du Pacifique, en association avec P. Mazellier et J. Bennett. Le lecteur pourra s'y référer pour toutes informations précises les concernant. Nous ne rappellerons donc que quelques caractères morphologiques et biologiques majeurs communs aux principales formes rencontrées par les plongueurs néophytes au cours de leurs pérégrinations récifo-lagunaires. Vertébrés à peau non cornée, riche en glandes muqueuses, généralement revêtue d'écailles, les poissons possèdent quatre nageoires paires, trois nageoires médianes, un cœur traversé exclusivement par du sang veineux régénéré par une respiration branchiale. Un sens particulier situé dans la ligne latérale et ses dépendances, leur permet d'apprécier les courants, de détecter à distance les corps solides, de s'orienter. Ils sont presque tous poecilothermes et porteurs d'une vessie natatoire, facilitant leur évolution dans le sens vertical. Leurs formes varient à l'infini : aplatie, allongée, globuleuse, parallélépipédique, en fuseau. Il en est de même pour leurs couleurs, leurs habitats, leurs modes d'alimentation et de reproduction. Ils constituent la nourriture de base des Polynésiens, mais il leur arrive parfois de stocker dans leurs tissus des substances biologiques toxiques pour les consommateurs. Les poissons de Polynésie appartiennent à deux classes, les Condrichthyens et Ostéichthyens.

Les Condrichthyens rassemblent les poissons cartilagineux à savoir raies et requins. Démunis d'écailles vraies, ils sont néanmoins couverts de denticules minuscules qui font de leur peau une véritable toile émeri. Les raies, avec leur corps aplati losangique, leurs fentes branchiales en position inférieure, leurs nageoires pectorales solidaires de la tête et l'absence de nageoire anale sont reconnues du premier coup d'œil. Les raies-armées *(faï iu)* à la queue armée d'un aiguillon venimeux, raies-léopards *(fai manu)* à la robe constellée, manta *(fafa piti),* à la cape noire et blanche. Les requins *(mao),* se différencient des raies par la position latérale des fentes branchiales et l'indépendance des nageoires pectorales vis-à-vis de la tête. Mais leur silhouette hydrodynamique, leur museau aplati à bouche inférieure, les ailerons dorsaux et pectoraux, la queue asymétrique font que le seigneur des mers peut difficilement prêter à confusion. Quelques espèces sont très familières de nos eaux : les requins dormeurs à la livrée brun-clair *(mao rohoï),* à aileron noir *(mauri ou vaki),* à aileron blanc *(mamaru ou torire)* et gris *(raira, oihe).*

Les Osteichthyens charpentés d'un squelette osseux solide, regroupent la plupart des poissons de nos récifs et lagons. Nous ne citerons que les formes familières mesurant au moins une dizaine de centimètres. Une grande partie d'entre eux appartient à l'ordre des Perciformes. Les chirurgiens sont armés d'un scalpel implanté à la base de la queue *(maito, maroa, manini, ume),* parfois d'un rostre *(tatihi, herepoti).* Ils sont absolument inféodés aux substrats coralliens, comme d'ailleurs la foule des chaetodons *(paraharaha)* et demoiselles *(atoti).* Il s'agit cette fois de petits poissons aplatis transversalement, aux livrées multicolores, et aux noms imagés : papillons, anges, empereurs, cochers, sergents majors, bagnards, clowns. Nos décors sous-marins leur doivent leur image de marque. Aussi richement colorés, mais de taille un peu plus élevée, les labres et les perroquets, changent de robes suivant l'âge, le sexe et le degré de maturité. Leur peau est gluante et visqueuse. Les labres *(poou, papae, mara)* assez polymorphes, portent des dents externes bien individualisées, dans une bouche charnue. Les perroquets *(uhu, paati,* quand ils sont verts, *pahoro* quand ils sont bruns), homogènes dans leur aspect, possèdent un bec grâce auquel ils broutent algues calcaires et madrépores. Les loches et mérous *(tarao, faroa, hapuu, roï, hoa, tonu...)* carnivores voraces sont dotés d'une bouche extensible, leur permettant d'avaler des proies énormes pour leur taille. Ils sont relativement sédentaires, s'éloignent peu du trou qu'ils ont choisi pour demeure. Les lutjans se distinguent des loches par l'absence d'écailles sur une partie de la tête. Ils ont noms *haamea, taivaiva, toau, haputu, taape* ou *tuhara.* Ce sont aussi des poissons massifs, au corps allongé, à la tête conique, des prédateurs carnivores. Les becs de cane *(oeo, tamure)* ont un long museau, au bout d'un buste élancé. Les mulets *(tehu)* ont un corps épais de couleur argentée, une tête triangulaire aplatie sur le dessus et un mode de vie grégaire, près de la surface. Les surmulets *(vete, tauo, faia, atiatia, ahuru)* sont reconnaissables à une paire de barbillons placés sous la mandibule, grâce auxquels ils détectent dans les sédiments les petits invertébrés dont ils sont friands.

Les carangues à silhouette ovale, nageoires pectorales falciformes, queue fourchue, s'appellent entre autres, *paaihere, omuri, uruati, autea, ruhi, rai.* Les *ature,* petits poissons migrateurs venus du grand large se rassemblent par centaines de milles dans nos lagons au début de chaque année. Les soles *(patii),* plaquent leur corps translucide à œil unique sur le sable lagunaire. Les barracudas *(ono, tiatao, tatia)* tout en mâchoire, en dents et en queue, ne fréquentent qu'épisodiquement les lagons.

Les pterois *(tataraihau)* au moindre contact se comportent en véritables pelotes d'aiguilles vulnérantes masquées par un plumage attractif d'apparence anodine. Les Synancées, ou poissons pierres *(nohu)* au corps boursouflé, verruqueux, à bouche supérieure sont célèbres pour leur art du camouflage parmi les débris coralliens et leur arsenal de seringues venimeuses implantées dans la nageoire dorsale. Ils sont à l'origine de piqûres très douloureuses et nécrosantes.

Les Anguilliformes sont représentés essentiellement par les murènes *(puhi)* et les poissons flûtes *(aupapa).* Les premières, serpentiformes, sont extrêmement abondantes dans les récifs. Peu agressives spontanément, elles défendent avec acharnement leur repaire. Leur gueule aux dents acérées recourbées vers l'intérieur peut causer de graves blessures. Les poissons flûtes ont un corps cylindrique prolongé par un long museau. Les Beloniformes comprennent les aiguillettes ou *aavere* dont les mâchoires démesurément allongées ont des allures de rostre acéré et leur permettent d'harponner leurs proies. Les Berciformes regroupent des poissons dont les nageoires portent des rayons épineux, tels les rougets, poissons soldats et écureuils *(ihii, araoe, apai).* Arborant toutes les nuances du rouge ou du violet métallisé, ils ont de gros yeux globuleux, une grande bouche, et se cachent dans les anfractuosités du corail, ne sortant que la nuit pour chasser. Les Tetrodontiformes offrent à la vue du touriste sous-marin de multiples spécimens, évoluant parfois dans très peu d'eau. Les plus connus sont les balistes *(oiri)* au profil losangique à la peau rugueuse, les poissons globes *(huehue)* et les poissons porcs-épics *(totara)* couverts de petits piquants, porteurs d'un bec corné, capables de se gonfler d'eau et doubler ainsi de volume lorsqu'un danger les menace. Les Ostraciontiformes rassemblent les divers poissons coffres *(momoa)* remarquables par leur carapace cuirassée qui les enveloppe en totalité.

Les reptiles

Ces vertébrés à peau revêtue d'une épaisse couche de kératine sèche, à écailles épidermiques, à respiration pulmonaire regroupent les tortues et serpents marins.

Les tortues marines ou *honu* sont des reptiles tétrapodes, à crâne petit, à tronc court et massif, enfermé dans une boîte osseuse composée d'un bouclier dorsal bombé et d'un plastron ventral, plat.

Les quatre espèces, qui peuvent être rencontrées appartiennent aux familles des Cheloniidés et des Dermochelyidés. Les Cheloniidés portent des écailles juxtaposées, possèdent une tête non rétractile, un cou très court, un bouclier peu bombé et cordiforme. La tortue verte, *Chelonia mydas,* est la plus commune et aussi la plus consommée car sa chair est très savoureuse. Elle est couverte de plaques d'écailles minces de couleur brune avec des reflets verts. La tortue à bec d'oiseau, ou *honu afii moa (Eretmochelys imbricata)* est remarquable par sa mâchoire supérieure recourbée en bec crochu. Cette tortue est souvent à l'origine d'intoxications alimentaires. La tortue à grosse tête, *Caretta caretta gigas* et la tortue luth, *Dermochelys coriacea,* dont la carapace noire est formée de sept carènes longitudinales à la consistance du cuir, sont plus rares.

Les serpents de mer appartiennent à la famille des Hydrophiides. Ces reptiles apodes, au corps long et cylindrique, à langue bifide et rétractile, ont une denture parfois associée à un appareil venimeux dangereux pour l'homme, mais sont rarissimes en Polynésie. Une seule espèce se rapproche occasionnellement de notre littoral, *Pelamis platurus,* serpent bicolore à dos brun et ventre jaune.

Tortue marine Caretta caretta gigas, *non consommée à Tahiti, photographiée sur la plage de Matira, à Bora-Bora.*

La répartition des êtres vivants

Les êtres vivants que nous venons d'évoquer précédemment ne sont pas répartis de façon uniforme, tant s'en faut, sur l'ensemble du littoral polynésien. Il va sans dire que des différences sur le plan écologique sont à noter suivant que l'on s'adresse à des atolls, à des îles hautes avec récif-barrière et à des îles hautes sans récif-barrière. Mais même au sein de chacune de ces formations géologiques, il serait illusoire de croire qu'à un substrat donné correspondent forcément une faune et une flore types. Trop d'inconnues subsistent quant aux conditions qui régissent la répartition des espèces vivantes marines, pour envisager le moindre essai de caractérisation des divers habitats. De plus il est matériellement impossible, dans le cadre de cet ouvrage, de décrire les différents biotopes connus. On se contentera donc de passer en revue les quelques facteurs physiques, morphogènes et trophiques régissant la distribution des peuplements et de décrire les principaux faciès écologiques qui en résultent.

La répartition des organismes dans les écosystèmes récifs-lagunaires est surtout influencée par la température de l'eau de mer, l'hydrodynamisme, le substrat, le niveau de la mer, la lumière, la profondeur, la nourriture disponible. Tous ces facteurs sont très intimement interdépendants. Leur influence respective varie suivant les groupes floristiques et faunistiques.

Loche caméléon Variola louti *à l'affût dans son trou, sous un plafond de* Porites *et derrière un buisson d'*Acropora *aux délicates arborescences.*

La température n'a d'action évidente que quand elle s'élève notablement, conditionnant alors la pullulation de certaines algues (surtout cyanophycées), de certains coraux *(Acropora, Porites, Favia),* mollusques (nérites, littorines, cerithes), balanoglosses, holothuries, poissons (blennies).

L'hydrodynamisme est un facteur très important, pour la croissance des algues et des madréporaires. Il permet de distinguer les récifs exposés à la houle, riches en algues et pauvres en coraux et les récifs abrités riches en coraux. Il agit par sa force, l'aération plus ou moins grande qu'il entraîne, les apports de nourriture et de sédiments. Si certains madrépores tels *Porites lichen* et *Pocillopora* aiment les eaux agitées de la crête algale, la plupart des *Acropora* ne peuvent vivre qu'en eau calme. En revanche, quelques coraux s'adaptent aux divers modes d'agitation de la mer tels *Porites lobata* et *Millepora platyphilla.* En raison des actions hydrodynamiques trop fortes et aussi de l'importante compétition créée par les algues calcaires et les coraux, il n'y a pas de bivalves fixés sur les récifs extérieurs. L'hydrodynamisme et le substrat ont une influence également sur la répartition de la faune ichtyologique. Les espèces vivant dans les eaux blanches du récif extérieur doivent pouvoir pour la plupart, se mettre à l'abri au moment du déferlement. Elles sont donc très actives et de nage très rapide.

Nous avons déjà vu le rôle capital joué, par la lumière sur la croissance des algues et madrépores constructeurs de récifs, ce facteur a par contre peu d'influence directe sur leur répartition dans nos régions où les eaux sont toujours relativement claires. Il faut aussi savoir que beaucoup de poissons, crustacés et mollusques vivant dans les niveaux supérieurs du substrat rocheux sont lucifuges ou plutôt ont une activité nocturne.

La profondeur est en réalité la résultante de plusieurs

paramètres. Elle n'agit qu'indirectement, par sa liaison avec l'agitation, l'oxygénation, la lumière et la turbidité. Certains mollusques gastropodes, crustacés macroures ou anomoures, annélides polychètes, la plupart des échinodermes et de nombreux chirurgiens, chaetodons, demoiselles, balistes, blennies, gobies, mulets, rougets, labres, se rencontrent peu au-dessous de quelques mètres de profondeur. En revanche les grands bivalves sessiles, squales, lutjans, loches, carangues, perroquets, napoléons, langoustes entre autres se voient à toutes les profondeurs. La chaîne alimentaire en milieu récifolagunaire varie énormément suivant les facteurs écologiques précédemment évoqués et les milieux nutritifs de base seront influencés en qualité et quantité. Nous citerons les principaux, à savoir les films muqueux constituant la pellicule sédimentaire superficielle des fonds meubles, essentiellement formés de détritus organiques, les amas mixtes de bactéries, de levures, de Cyanophycés, les gazons d'algues filamenteuses colonisés par une multitude de petits invertébrés, les algues calcifiées de la crête algale, surtout les Mélobésiés, le plancton. Poissons et invertébrés des bas niveaux trophiques trouveront dans ces milieux de quoi satisfaire leurs besoins respectifs. Leur mode de vie et leur habitat en seront plus ou moins conditionnés.

D'ailleurs les facteurs de nutrition sont à l'origine de la notion de territorialité. Chaque portion d'écosystème récifolagunaire tolère un certain nombre d'espèces et d'individus qui sont en compétition permanente pour assurer leur survie. A l'échelon microscopique ce processus échappe à l'œil. Mais à partir d'une certaine taille, on peut facilement connaître les habitants d'un territoire donné. Ces territoires vont d'une simple anfractuosité corallienne, pour la plupart des invertébrés benthiques et quelques poissons sédentaires, à plusieurs centaines de mètres pour les requins de récif et quelques kilomètres pour les tortues marines et certaines carangues.

A la lumière des considérations précédentes quelques grands types d'habitats peuvent être identifiés en Polynésie.

Les versants océaniques des récifs

Les peuplements varient suivant que l'île est haute ou basse. Mais qu'il s'agisse de récif frangeant, de récif-barrière ou d'atoll, le versant océanique est la partie la plus vivante de l'édifice corallien et son exposition aux vents dominants ajoute toujours à la prospérité de sa population en général. Les zones offertes au déferlement des vagues sont entaillées de profonds sillons séparés par des éperons. On y retrouve côte à côte des Mélobésiés encroûtantes, quelques *Pocillopora, Millepora, Porites* et *Montipora,* de même que des placards de *Palythoa.* Les Gastropodes très adhérents au substrat, bigorneaux, patelles, porcelaines, drupes ont là des conditions optimales de développement. Les crustacés Xanthidés, Portunidés, Grapsidés sont partout dans les anfractuosités, généralement de petite taille. Les échinodermes moins nombreux sont représentés par quelques oursins *vana* et *ina,* fortement encastrés dans les trous coralliens. Ces mêmes espèces se retrouvent sur la pente externe qui descend à 45 degrés ; le recouvrement par les coraux vivants est plus marqué sur les récifs-barrières que sur les atolls.
Mais c'est sur ces derniers qu'on a le plus de chance de trouver des langoustes et cigales de mer. La faune ichtyologique est très diversifiée et, pour une espèce donnée, les individus rencontrés ont la meilleure taille. Les zones hautes du récif fournissent aux chirurgiens, perroquets, labres, surmulets, des couloirs dans lesquels ils s'engagent à plaisir. « L'extérieur » est aussi le

lieu de prédilection de divers balistes, rougets, soldats, écureuils, lutjans, perches, loches, mérous, fistulaires, aiguillettes, chaetodons, demoiselles, mulets, requins gris, murènes. C'est dans cette région sous-marine qu'on a de temps en temps la surprise de croiser une tortue, d'observer une rare méduse ou un non moins exceptionnel serpent de mer.

Les platiers

Le platier récifal est caractéristique des récifs à motu. C'est une dalle corallienne *(Favia, Porites, Montipora, Acropora, Pocillopora),* pauvre en algues (quelques Cyanophycées et Chlorophycées) entièrement immergée à marée haute s'étendant entre la crête du versant océanique et le motu. Quelques Alcyonaires et *Palythoa* prolifèrent par places. On retrouve la plupart des mollusques et crustacés de la crête. Les oursins crayons les holothuries et les ophiures y sont à l'aise. Beaucoup de poissons s'y aventurent à marée haute (perroquets, chirurgiens, chromis, demoiselles, jeunes requins à ailerons noirs ou blancs). D'autres y ont élu domicile permanent (balistes, tétrodons, poissons-coffres, loches, rascasses, ptérois).

Les platiers immergés se rencontrent indifféremment sur les atolls et les récifs-barrières. Ils constituent des lieux de passage entre les versants océaniques et les lagons. Ils ne sont émergés qu'à marée basse et sont colonisés sensiblement par les mêmes espèces que sur les platiers récifaux. A signaler cependant une plus grande variété d'échinodermes, en particulier d'oursins, la présence de bénitiers et pieuvres, de petites éponges et anémones, d'annélides et crabes variés plus précisément localisés dans la zone de balancement des marées, ainsi que les poissons-lézards, porcs-épics, trompettes. A marée haute on peut voir des groupes de surmulets, carangues, perroquets, passer de l'océan dans le lagon.

Les Hoa et les Passes

On retrouve la plupart des espèces déjà évoquées ou qui vont l'être à propos des versants lagunaires. Ils constituent en effet des aires de transition idéales pour les espèces sessiles et des voies de passage qu'empruntent toutes les formes mobiles. Beaucoup de poissons en font leur territoire de chasse.

Les versants lagunaires

Tant sur les îles hautes que sur les atolls, ils sont habituellement constitués de fonds sableux (d'étendue variable) tombant en pente douce vers le centre du lagon, recouverts par places de Cyanophycées, *Caulerpa, Padina, Poccockiella* et parsemés de blocs coralliens en nombre plus important près des récifs-barrières *(Acropora, Porites, Montipora, Millepora, Lobophyllia, Heliastrea, Fungia, Platygira).* Nous sommes dans le domaine d'élection des éponges, actinies, des vers arénicoles, des crabes de sable et des pagures, des littorines, nérites, cérithes, huîtres, nacres, cyprés, strombes, lambis, cônes, des holothuries de toutes sortes, des ophiures, des étoiles de mer, des coussins de requin, des *taramea,* de certains *vana,* des soles, des *avaava,* des raies-léopards, de quelques surmulets. La faune ichtyologique des abords de madrépores est celle que nous verrons autour des massifs coralliens lagunaires.

Les pâtés et pinacles coralliens

Formés des madrépores déjà rencontrés sur le versant lagunaire, ils sont l'habitat de choix des bivalves et constituent le point de ralliement permanent de nombreux poissons de petite taille (chirurgiens, papillons, demoiselles, rougets, soldats, harpes, ptérois, trompettes, coffres, porcs-épics, balistes), qui ne s'éloignent jamais plus de quelques mètres.

Les fonds de lagon

Ils sont pauvres en coraux, en algues, et sont essentiellement colonisés par divers groupes de mollusques. Les formes sessiles des substrats durs sont des bénitiers, nacres, charmes, arches. Sur les subtrats meubles on peut observer de fréquents sept-doigts, et de rares casques et conques. Les jambonneaux sont plantés dans les fonds vaseux. Mais la majorité de la faune malacologique est enfouie pendant le jour et doit être repérée à la trace laissée par son déplacement nocturne. Ainsi en va-t-il pour les térèbres, mîtres, harpes, olives, cérithes, et quelques cônes.

Les eaux du lagon

C'est l'habitat des poissons libres. Certains vont d'un pinacle à l'autre toute l'année *(ume, rotea, kukina, tonu, hoa,* requins de lagon, raies*)*. D'autres vont et viennent depuis l'extérieur (lutjans, becs de cane, poissons volants, aiguillettes, *ono, tiatao,* carangues et mulets). Les *ature* n'y font que des séjours très saisonniers.

Récifs frangeants

La flore riche en espèces *(Halimeda, Turbinaria, Jania, Caulerpa, Dictyota, Valonia, Microdyction)* constitue parfois de véritables algueraies. L'alternance des substrats coralliens morts et vivants *(Psammocora, Synarea, Porites, Montipora, Pocillopora)* est fréquente. Les Zoanthaires couvrent parfois d'assez larges étendues. Les invertébrés rencontrés diffèrent peu de ceux des récifs-barrières sur le plan qualitatif. Signalons toutefois l'abondance des trocas. Quant aux poissons ils sont représentés par de multiples formes jeunes. Mais les espèces sont peu nombreuses (murènes, loches, rascasses, chirurgiens, labres, gobies, blennies, demoiselles).

Un monde menacé, un monde à sauvegarder

Les récifs de coraux et lagons de Polynésie, évoquent encore à l'esprit de bien des habitants de la planète, le dernier des paradis terrestres. Pour ceux qui ont la chance d'y vivre, ils constituent un patrimoine naturel d'une incomparable richesse. Mais ces mondes sous-marins sont des havres de paix fragiles, à l'image de la communauté vivante dont ils sont le reflet. Leur équilibre biologique se maintient grâce à un jeu de régulations complexes. Les interventions de l'homme, modifiant certaines conditions ambiantes sont rapidement ressenties par les populations sous-marines. Celles-ci n'ont pas une grande tolérance face aux variations des facteurs physicochimiques, en premier lieu les coraux qui ont des exigences strictes pour leur croissance et leur survie. Or, dans sa soif de transformation, l'homme du XXe siècle se plaît à infliger de façon plus ou moins consciente des outrages à son environnement et se comporte parfois en véritable agresseur du milieu marin. Son action néfaste s'exerce généralement de façon insidieuse sous le masque d'un aménagement du littoral récifo-lagunaire indispensable à la promotion touristique insulaire. Ce genre d'opération implique l'édification de quais, digues, constructions sur pilotis, stations d'épuration, ouvrages de voierie, le balisage de chenaux navigables dans les lagons, l'agrandissement des passes... De telles réalisations nécessitent d'im-

---

Chasseur sous-marin et son trophée, un poisson napoléon Cheilinus undulatus. *L'avènement du fusil sous-marin a largement contribué à l'appauvrissement du stock de certaines espèces autour de Tahiti. Cette arme entraîne parfois un véritable génocide lors de certaines compétitions sportives où les Tahitiens sont passés maîtres.*

portants travaux de terrassement et dragage, des explosions sous-marines, l'immersion de corps étrangers, le rejet des eaux domestiques usées : autant de facteurs d'agression du milieu marin. Car ces activités se traduisent par trois nuisances majeures pour les édifices coralliens : l'apport ou la mise en suspension d'une grande quantité de sédiments ensevelissant les colonies de madrépores, l'inondation des lagons par des eaux enrichies de matières organiques favorisant la pullulation d'algues et bactéries au détriment d'autres populations benthiques, le déversement de produits chimiques (pesticides, insecticides, détergents), peu ou non biodégradables aux effets nocifs incontestables mais difficilement appréciables d'emblée. Encore passerons-nous sous silence les méfaits de la transformation de certaines zones littorales en véritables dépotoirs, ajoutant aux nuisances précédentes une note inesthétique. Les conséquences pratiques de ces dégradations diverses sont toujours identiques : soit la destruction pure et simple des biotopes coralliens, soit au minimum un déséquilibre écologique se faisant toujours au profit des peuplements les plus ternes et les plus monotones de la communauté récifolagunaire. Dans la plupart des cas et quel que soit l'agent polluant, au monde coloré et animé du récif succède l'univers triste et inanimé des déserts sous-marins, jonchés de coraux morts couverts d'algues et d'holoturies. Les exemples de cette évolution sont nombreux à Tahiti.

Le progrès technologique et la poussée démographique ont également des répercussions nuisibles sur certaines activités ancestrales. Ainsi en est-il tout d'abord de la pêche. Autrefois pratiquée pour les seuls besoins de la consommation familiale ou locale, elle portait peu atteinte à la productivité récifolagunaire. Le développement de la pêche commerciale, la vulgarisation de la chasse sous-marine et de la plongée en scaphandre autonome ont fait baisser dans des proportions alarmantes le stock de nombreuses espèces comestibles de poissons, bénitiers, bigorneaux, oursins, langoustes et autres squilles. Les collectes incontrôlées de coquillages ont une incidence analogue sur la densité des peuplements. Les platiers facilement accessibles des îles de la Société offrent de multiples exemples de la raréfaction de certaines espèces.

L'expérience des autres régions insulaires tropicales, où les nuisances dues aux activités humaines sont plus anciennes qu'en Polynésie, révèle que l'appauvrissement de la faune sous-marine est souvent définitif. Dans les cas où une régénération se produit, elle s'avère longue et il n'y a jamais retour à la situation antérieure.

En dehors des effets directs des agressions précédemment évoquées sur certains éléments de la communauté récifale, il est une conséquence indirecte à ne pas négliger, à savoir le développement d'ichtyosarcotoxisme. Dans les zones dégradées, des poissons auparavant comestibles deviennent vénéneux, par accumulation dans leurs tissus de substances toxicophores.

Devant une telle situation, des mesures urgentes de protection de notre patrimoine marin s'imposent. Pour être couronnées de succès, elles passent inexorablement par une prise de conscience à la fois collective et individuelle du capital que représente notre nature sous-marine. Certes, il n'est pas question de s'insurger contre la réalisation des travaux indispensables au développement économique du territoire. Mais il serait souhaitable que l'installation d'infrastructures importantes en bordure du littoral marin ne s'effectue qu'après une étude écologique du milieu naturel. A cet égard, les zones les plus en danger sont les récifs frangeants. Ce sont eux qu'il faut protéger en premier lieu. En revanche, les fonds sableux et vaseux du littoral, dépourvus de colonies coralliennes importantes se prêtent davantage à des aménagements (plages, îlots artificiels, darses), ou à des extractions d'agrégats coralliens... Il existe actuellement des techniques très au point pour l'épuration des eaux résiduaires chargées de matières organiques. Mais le rejet de ces milliers de mètres cubes d'eau douce épurée doit se faire le plus loin possible des zones coralliennes récifales, à une profondeur où il n'existe pratiquement plus de madrépores. C'est en matière de pêche et de collecte de coquillages qu'un effort de protection très important doit être accompli. Une réglementation établissant des pratiques saisonnières et sectorielles, variables suivant les groupes faunistiques et la taille des animaux, est indispensable. Encore faut-il que la réglementation une fois établie puisse être appliquée, ce qui implique une surveillance rigoureuse et d'éventuelles sanctions.

Pays à vocation touristique indiscutable, la Polynésie se doit au label de qualité qu'elle possède dans le monde entier. C'est pourquoi une politique rationnelle de sauvegarde du milieu marin constitue certainement, dès à présent, un facteur primordial de son développement économique. Et le domaine où une telle politique devrait pouvoir s'exprimer au mieux, se situe au niveau des atolls. La plupart sont peu peuplés, relativement isolés, donc moins menacés que les récifs et lagons bordant les îles hautes. Ces écosystèmes qui semblent d'ores et déjà offrir des perspectives immenses à l'aquaculture, sont aussi, parfaitement adaptés à la création de parcs sous-marins réservés aux randonnées sous-marines et aux safaris-photos. Leur protection doit donc être assurée à tout prix. Ils représentent à coup sûr, un investissement à long terme.

Un exemple typique d'adaptation. Un poisson gobie a élu domicile dans une bouteille, elle-même déjà intégrée au décor corallien (Synarea, Montipora) *et couverte d'algues calcaires incrustées sur le verre.*

Les espèces

Les algues

En haut, à gauche : au premier plan, cramponnées sur les coraux morts de la dalle récifale, plusieurs touffes de Turbinaria ornata. *Il s'agit de plantes très dures aux tiges cylindriques rugueuses, d'où partent des expansions en forme de calices pyramidaux. Les bordures des calices sont hérissées d'épines qui piquent lorsqu'on les effleure. (Page de droite) Cette algue brune peut atteindre la grosseur du bras. Elle est abondante sur tous les récifs frangeants et barrières relativement bien battus par la houle mais ne semble pas exister sur les atolls. Le pédicule qui la fixe au platier résiste bien aux assauts de la mer.*

En bas, à gauche : Halimeda opuntia. *Algue verte articulée et calcifiée par articles. Ceux-ci, triangulaires, aplatis et durs se placent en chaîne. Les articulations donnent à l'ensemble de la plante une certaine souplesse, malgré son aspect compact dû à la présence de ramifications dans tous les sens. Cette espèce densément calcifiée fournit après sa mort de nombreux articles séparés contribuant, en s'accumulant, à la formation de sables grossiers. Ces sables à* Halimeda *sont surtout importants aux Iles Gambier et à Hao, mais dans l'ensemble ils sont plus rares en Polynésie française qu'en Micronésie. En bas et à droite, sur la photo, on peut apercevoir un encroûtement de Rhodophycées du genre* Porolithon *de couleur rosée.*

En haut, à gauche : au sein d'un tapis de Chlorophycées du genre Halimeda *développé sur un fond de* Porites *morts se dressent quelques mèches de Cyanophycées* Lyngbia majuscula. *Ces associations algales de plusieurs centimètres d'épaisseur offrent souvent refuge à des crabes, crevettes, poissons, vers et mollusques. En bas, à gauche : sur un substrat formé de madrépores, appartenant au genre* Pseudocolumnastrea, *en train de mourir, est apparu par places un large encroûtement d'algues calcaires rouges Lithothamniés. Les rares colonies coralliennes encore vivantes apparaissent de teinte verdâtre tandis que les Mélobésies essentiellement du genre* Chevalliericrusta *se présentent en revêtement de couleur pourpre ou jaune. On peut apercevoir aussi des orifices correspondant à des galeries d'Annélides tubicoles.*

En haut, page de droite : Une association d'algues brunes et d'algues vertes. L'algue brune appartient à l'espèce Hydroclathrus clathratus. *C'est une algue globuleuse en gros réseau irrégulier délimitant des trous de taille variable, les uns généralement grands, les autres petits. Sa consistance est ferme malgré les nombreux vides. On la rencontre en lagon, en eau peu profonde. Elle est souvent rejetée en épaves. L'algue verte est une* Cladophoropsis. *Il s'agit d'une forme filamenteuse, se présentant en touffes denses, de consistance souple et douce au toucher.*

En bas et à droite : Algues Chlorophycées du genre Enteromorpha. *Ces algues vertes revêtent l'aspect de tubes plus ou moins ramifiés, ont un contact lisse mais non gluant, et peuvent atteindre 10 à 20 cm de long. Caractéristiques des eaux polluées, elles sont communes aux lieux d'accostage des bateaux et sur les coques de ces derniers, mais aussi sur les fonds vaseux lagunaires en eau calme et turbide.*

Double page suivante : Magnifique algueraie développée sur des pâtés coralliens morts. Ce genre de spectacle sous-marin est caractéristique d'une biotope aux eaux sales ou soumis à un apport important de matières organiques (eutrophisation du milieu). Les quatre grands groupes d'algues sont représentées de façon très inégale. Ainsi peut-on à peine remarquer sur le pâté de droite quelques discrets placards de Rhodophycées Porolithon *et sur celui de gauche une mèche transversale de Cyanophycées* Lyngbya majuscula. *En revanche, les Chlorophycées sont abondantes et diversifiées (*Enteromorpha *tubulaires au sommet des deux pâtés et entre eux ;* Ulva *et* Halimeda *dans les parties basses ;* Cladophoropsis, Microdictyon *entre autres, disséminées). Enfin, sur le pâté de gauche, on peut observer un gazon de Pheophycée du genre Etocarpus en touffes de filaments fins et courts.*

Les éponges

La photo du haut illustre la variété des couleurs que peuvent présenter les Spongiaires. Quelques colonies de Démosponges jaunes et rouges appartenant au genre Cacospongia *se sont fixées sur des coraux morts. Le squelette corné de plusieurs espèces de Démosponges a la propriété de se gonfler en devenant élastique. Ces éponges faisaient autrefois l'objet d'un commerce très actif sur les côtes méditerranéennes en particulier. Mais la concurrence des éponges synthétiques, moins coûteuses l'a fortement réduit.*
*A droite, au premier plan, devant deux parasols d'*Acropora, *se dressent les silhouettes de plusieurs éponges cornées* Chondrosia, *de couleur marron. Le squelette, formé uniquement de spongine, se présente comme un réseau de fibrilles plus ou moins élastiques.*

A gauche : Démosponge du genre Axinella. *Cette éponge orange a un squelette formé de spicules siliceux en forme d'aiguilles, mêlés à des fibres de spongine.*

A droite : un groupe d'éponges Agelas *en forme d'amphores. Malgré leur grande diversité d'aspect, les Spongiaires présentent une certaine similitude dans leur organisation. Suivant leur complexité on distingue trois types d'éponges. Le plus simple, type « ascon », se présente comme un récipient en forme d'urne ovoïde fixée par la base à un support quelconque. Le goulot de l'urne, situé au sommet, s'appelle oscule. La paroi est constituée par trois couches digestives et des cellules squelettogènes. La couche interne est formée de cellules spéciales portant à leur extrémité un fouet dont les vibrations provoquent un courant d'eau qui traverse les pores inhalants, pénètre dans la cavité digestive et sort par l'oscule. Dans le type « sycon », ces cellules sont localisées dans des diverticules de la cavité digestive. Dans le type « Leucon », elles sont placées dans des corbeilles vibratiles, chacun de ces trois modèles peut se compliquer. Mais il n'existe jamais d'organe proprement dit.*

Double page suivante : les éponges forment parfois des colonies dont les divers membres sont si bien agglutinés les uns aux autres que leur individualité est difficile à déceler si ce n'est par le nombre des oscules.

Les cnidaires

En haut et à gauche : sur un substrat corallien mort, couvert par places de Mélobésies, se sont incrustées plusieurs colonies de Zoanthaires du genre Palythoa *dont les divers polypes sont particulièrement bien visibles. Ce sont des Cnidaires dépourvus de squelette externe, de consistance variable, familiers des abords des passes, tant dans les îles hautes que dans les atolls.*

En bas et à gauche : une anémone de mer Stoichactis kenti *avec les tentacules presque entièrement rétractés à l'intérieur de la robe rose épidermique. Parmi les tentacules on aperçoit la bouche de l'animal. La nourriture surtout carnée, varie du poisson aux animalcules planctoniques. Ces derniers arrivent jusqu'à l'ouverture buccale grâce à des courants d'eau produits par les cellules ciliées des tentacules. Les anémones de mer vivent souvent en symbiose avec des poissons de la famille des Pomacentridés. On devine l'un d'entre eux, un poisson demoiselle,* Dascyllus trimaculatus, *semblable à ceux qui voltigent autour de l'animal, blotti entre les tentacules.*

A droite. Adhérant par sa ventouse au substrat encroûté d'éponges et d'algues calcaires, S. kenti *se présente avec ses tentacules totalement évaginés. A certaines époques de l'année, ceux-ci, habituellement rosés, deviennent blancs pour des raisons que nous ignorons. L'hôte de l'anémone est un poisson clown* Amphiprion chrysopterus.

Ci-dessus : Aux abords d'une anfractuosité corallienne, où l'on note divers madrépores morts voisinant avec une colonie vivante de Porites, *remarquable à sa couleur vert olive, évoluent deux poissons papillons* Chaetodon bennetti *à la robe caractéristique.*

Ci-contre : Biotope récifal caractéristique où se côtoient algues calcaires Porolithon *et coraux vivants* Pseudocolumnastrea.

A droite : massif de madrépores où des colonies de Leptoseris *de couleur brunâtre, disposés en larges lames tabulaires, côtoient des colonies vert olive de* Pseudocolumnastrea *aux calices plus irréguliers et plus tourmentés.*

Ci-dessus : une colonie d'hydrozoaires du genre Stylaster. *Ces coraux arborent une forme branchue, aux ramifications fines disposées sur un seul plan. Indifféremment de couleur orange, jaune ou rose, ils affectionnent les excavations sombres du tombant des récifs extérieurs où l'eau est renouvelée en permanence mais où l'agitation n'est pas trop importante. Ce sont les seules formes, avec* Distichopora, *à conserver leur couleur après la mort.*

Ci-contre : un massif de Porites, *véritable sculpture naturelle, en forme de gigantesque champignon. Le pied bifurqué représente le squelette calcaire mort des polypes sur lequel des excroissances de* Stylaster *et* Distichopora *de diverses couleurs se sont développées. Les deux chapeaux en constituent la partie actuellement vivante.*

En haut et à gauche : Association S. kenti - D. trimaculatus. *Les symbioses anémones-poissons sont remarquables. Les poissons peuvent nager sans risque entre les tentacules de l'anémone. Ils paraissent immunisés contre le poison sécrété par les nématocystes. Cette immunité est rigoureusement spécifique et les sécrétions venimeuses sont mortelles pour quantité d'autres espèces. On prétend que les poissons commensaux aident leur hôte à se nourrir en lui procurant des restes de leur repas. En fait, l'association profite surtout au poisson qui se trouve à l'abri des prédateurs. D'ailleurs, on ne connaît pas de poisson clown vivant isolé loin d'une actinie alors que cette dernière peut très bien se passer de ses hôtes. Ceux-ci vivent généralement en couples dans l'anémone et interdisent l'entrée à tout intrus, fût-il de leur espèce. Même la nuit les poissons n'abandonnent pas leur anémone et se cachent profondément entre les tentacules rétractés de leur hôte.*

En bas, à gauche : anémone de petite taille (4 à 5 cm) du genre Triachtis, *remarquable à la coloration rose-pâle de l'extrémité de ses tentacules. A Bora-Bora on la rencontre exclusivement sur le platier des récifs-barrières, encastrée dans la dalle corallienne.*
A droite : une colonie de madrépores du genre Montipora. *Entre les calices de petites tailles, on note la présence de fins monticules, donnant à l'ensemble un relief mamelonné.*

Ci-dessus : une colonie de Zoanthaire du genre Palythoa *avec les calices bien visibles et certains tentacules en extension.*
En haut et à gauche. Des encroûtements d'Alcyonaires du genre Cladiella. *Ces coraux mous se présentent sous forme de multiples petits lobules plus ou moins serrés, donnant une surface finement mamelonnée. Au-dessus, évoluent des poissons papillons* Chaetodon reticulatus.
En bas et à gauche : Physalie du genre Velella *(10 cm), échouée sur un récif. Les épaves transparentes à reflets violets de ces Hydrozoaires sont rencontrés épisodiquement sur certains rivages polynésiens. Proche parent de la galère portugaise, à la sinistre réputation, cette espèce démunie des longs tentacules de sa congénère, ne présente pas de danger pour l'homme.*
A droite : Scyphozoaire ou vraie méduse du groupe des Cuboméduses (20 cm d'envergure), parfois à l'origine de brûlures avec état de choc.

Ci-dessus : une touffe d'Hydraires.
En haut et à gauche : Buisson de corail-cerf appartenant à l'espèce Acropora formosa. *Parmi les délicates arborescences coralliennes, une demoiselle noire défend son territoire.*
En bas et à gauche : Madrépore Millepora sp. *ou corail de feu. Devant les colonnes calcaires urticants voltigent deux poissons papillons* Chaetodon ornatissimus.
A droite : une autre magnifique colonie de Millepora *de plus d'un mètre d'envergure, à la surface tourmentée. La forme et la couleur des madrépores varient énormément, même au niveau des espèces, en fonction de divers facteurs écologiques et trophiques. L'hydrodynamisme conditionne souvent l'aspect plus ou moins finement ramifié ou massif des colonies madréporiques. La luminosité intervient pour varier la coloration des multiples espèces coralliennes. La teinte des coraux est en effet liée, d'une part aux zooxanthelles symbiotiques, d'autre part aux pigments tissulaires propres des polypes.*

En haut et à gauche : Arborescence de Pocillopora brevicornis, *sur laquelle deux poissons papillons* Chaetodon pelewensis *sont en train de se nourrir. Le madrépore se présente sous la forme d'une colonie basse, submassive, d'où s'élèvent des lobes courts et serrés. Ce corail aime les eaux agitées. On le trouve de préférence sur le récif extérieur.*
Au centre et à gauche : Corail laitue de l'espèce Pavona clavus, *parmi les feuilles duquel, de petits Pomacentridés,* Chromis cyanea, *viennent chercher leurs aliments. La silhouette du madrépore est très particulière, en rapport avec la forme en corbeille des colonies. Celles-ci peuvent atteindre plus d'un mètre de diamètre, mais chaque feuille n'a que quelques centimètres de haut. Cette espèce affectionne le platier récifal et la crête algale des récifs extérieurs.*
En bas et à gauche : une colonie massive de Porites lobata, *aux calices non saillants. La surface, finement mamelonnée est creusée de trous correspondant aux habitats de certains mollusques perforants du genre* Litophaga.

A droite : Bouquet de Coenopsammia aurea. *Jamais le qualificatif d'animal-fleur, souvent donné aux coraux, n'a été autant mérité que par cette espèce qui se présente ici avec la plupart de ses polypes épanouis en plein jour en train de se nourrir. Ce comportement commun à tous les madrépores n'est observable que la nuit dans la majorité des espèces.*

En haut et à gauche : posé sur un placard de Palythoa, *une des rares formes coralliennes libres à l'état adulte :* Fungia repanda. *Ce madrépore aplati, au contour circulaire, sécrète un mucus abondant et vit dans les eaux calmes du lagon.*
Au centre et à gauche : un massif de Montipora caliculata. *Ce sont des colonies encroûtantes disposées en lames généralement peu épaisses, parfois irrégulières. Ce corail habituellement de couleur violacée peut arborer des teintes beaucoup plus vives. Il vit très près de la surface, de préférence sur les récifs-barrières.*
En bas et à gauche : un madrépore, Acanthastrea echinata *à la teinte brun-vert caractéristique. Les calices dessinent sur la surface de multiples logettes dont l'ensemble évoque un gâteau de miel. On rencontre plus particulièrement cette espèce sur le platier et dans la zone des déferlants. En haut et à droite : un bouquet d'*Acropora pulchra, *aux fins rameaux divergents de couleur jaune-paille entre lesquels les demoiselles* Chromis cyanea *et les poissons bagnards* Dascyllus aruanus *viennent s'insinuer. On trouve fréquemment ce corail en lagon. En bas et à droite : madrépore* Lobophyllia costata *survolé par divers poissons papillons dont un* Chaetodon auriga. *Le polype colonial a un aspect général massif en boule de plus d'un mètre de diamètre. Sa surface a de faux airs d'écorce cérébrale. Son habitat d'élection est le versant océanique des récifs extérieurs.*

Ci-dessus et ci-contre à gauche : déjections de balanoglosses. Ces invertébrés d'aspect vermoïde appartiennent à l'embranchement des Stomocordés. Arénivores comme leurs proches parents les annélides arénicoles, ils puisent dans le sable leur alimentation composée de la microfaune interstitielle, de produits de décomposition organique. Avec les annélides arénicoles et certaines holothuries, ils assument des fonctions d'éboueurs et participent au recyclage des déchets.
Ci-contre à droite : fond lagunaire caractéristique où les petits monticules volcaniques créés par les excrétions d'annélides arénicoles alternent avec les crevasses formées par les petits crabes de sable.

En haut et à gauche : on peut distinguer les orifices extérieurs de deux galeries percées par des spirobranches à même une colonie de madrépores Synarea. *Les parois de la lumière du tube sont lisses. On aperçoit nettement le véritable filet de pêche en forme de toile d'araignée dans les mailles duquel les petits animaux du plancton sont piégés. Filet et nourriture sont ensuite ramenés à l'intérieur de la galerie dont l'entrée est bouchée par un opercule discoïdal animé de mouvements rotatoires.*

En bas et à gauche : les annélides tubicoles de l'espèce Spirobranchus giganteus *arborent des panaches branchiaux aux teintes variées qui, déployés évoquent les silhouettes de jolis sapins en miniature de 1 à 2 cm de haut. Les galeries qui leur servent d'habitat ont été creusées dans des coraux du genre* Porites.

En bas et à droite : on peut voir en gros plan une serpule S. giganteus, *toutes branchies déployées en hélice, sur fond de* Porites lobata. *Sur la gauche de la photo, l'opercule en bouclier de tourelle de tank obturant l'entrée de la galerie et l'ergot de défense qui sert à décourager toute velléité d'intrusion sont visibles.*

En haut et à droite : Panache branchial de spirographe. Les branchies plumeuses de cette sabelle, atteignent facilement 5 à 6 cm de long. Elles sont issues d'un tunnel creusé dans une colonie de Synarea, *dont l'entrée surplombe la surface corallienne.*

Les coquillages (mollusques)

En haut et à gauche : Bivalve de l'espèce Arca ventricosa *profondément encastré dans le squelette corallien d'un* Synarea. *Ce mollusque de 8 à 10 cm, de forme trapézoïdale, présente deux valves plus larges que hautes, inéquilatérales. La droite, interne, large, adhère solidement à la cavité corallienne qu'elle s'est creusée. La gauche, plus étroite, mobile, se rétracte à la moindre alerte.*
En bas et à gauche : pinne de l'espèce Atrina vexillum. *Les pinnes ou jambonneaux sont des mollusques bivalves atteignant jusqu'à 40 cm. Leur coquille opaque, noire, subovale, solide est sculptée de rides axiales. Leur habitat d'élection est constitué par les fonds lagunaires à eau turbide, où elles vivent à demi enfoncées dans le sable ou la vase.*
A droite : implanté perpendiculairement sur une paroi corallienne verticale Spondylus varius *est le plus grand des spondyles de Polynésie. Ce mollusque est fixé par sa valve droite. Son manteau bigarré, possède de nombreux yeux sur ses bordures. Les valves de l'animal qui dans leur plus grande dimension atteignent jusqu'à 20 cm, constituent un véritable biotope où vivent en communauté diverses algues, éponges et autres mollusques. Les spondyles abondent dans certains lagons d'atolls, de même qu'aux îles Gambier.*

Ci-dessus : la pieuvre commune de Polynésie, Octopus cyanea. *Arborant des teintes variables avec le fond où elles se trouvent, les* fee *sont des Céphalopodes familiers des eaux polynésiennes.*

Ci-contre à gauche : un sept-doigts de l'espèce Lambis truncata, *abondant sur tous les fonds sablonneux lagunaires. Le pied, que l'on aperçoit faisant irruption à travers l'ouverture, est utilisé à la fois comme moyen de déplacement et de défense.*

Ci-contre à droite : porcelaine Cypraea tigris *partiellement enveloppée dans son manteau.*

Ci-dessus, en haut : Nudibranche Doris sp. *Les deux tentacules antérieurs et le panache branchial postérieur sont rétractiles au moindre danger.*
Ci-dessus en bas : Ponte de Naticidés, souvent appelée rose des sables. Le ruban festonné posé sur le sable, contient des milliers de larves.
Ci-contre, à droite : un troca, Trochus niloticus *a élu domicile sur un massif de* Montipora. *On aperçoit aussi un nudibranche en mouvement et un oursin perceur* Echinostrephus aciculatus, *qui peut s'encastrer dans le corail, piquants rentrés.*

Les crustacés

Ci-contre, en haut : crustacé de l'espèce Panulirus penicillatus. *La langouste commune des récifs polynésiens vit électivement sur les versants océaniques des récifs-barrières. A l'occasion des fortes houles, elle monte sur le platier récifal où il est facile de la capturer. Malgré la réglementation en vigueur, qui interdit la prise des spécimens de moins de 12 cm, le stock de ces crustacés diminue régulièrement.*

Ci-contre en bas : le Bernard-l'hermite, Coenobita ollivieri *est un crabe terrestre. Ici, il a élu domicile dans une coquille de* maoa, Turbo setosus. *Il change de demeure en grandissant. On le rencontre aussi bien sur les récifs que le long des plages. Pendant la journée, il vit caché sous les rochers. Au petit matin, les innombrables traces erratiques qu'il laisse sur le sable traduisent sa vie de noctambule laborieux.*

A droite : Langoustine violon, Stenopus hispidus, *remarquable par la disproportion de taille entre le corps, mesurant à peine de 6 à 8 cm, et les appendices démesurément longs. Les antennes sont souvent la seule partie visible de l'animal. Elles servent d'enseigne publicitaire pour les poissons désireux de se faire ôter les parasites fixés à leurs téguments. Elles ont valu à ce crustacé le surnom de langouste nettoyeuse. On la rencontre souvent à côté d'une murène dans une anfractuosité du récif.*

Ci-dessus : Crabes de récif Lophozozymus sp. *Les Tahitiens leur ont donné le nom vernaculaire de* paapaa taero, *parce qu'ils peuvent être à l'origine d'intoxications alimentaires. Ils sont peu consommés dans les îles de la Société.*
Ci-contre : Un crabe tourlourou Cardisoma carnifex *en position typique de défense, appendices céphaliques dressés, pinces inégales brandies, yeux téléscopiques sortis. Vivant dans des terriers creusés sur le bord des plages, ce crustacé plus connu sous le nom de* tupa, *a besoin de se baigner de temps en temps en eau peu profonde.*
Page suivante : Crabe familier des récifs riches en coraux morts, Grapsus grapsus.

Les oursins, les étoiles de mer

Ci-dessus : Oursin crayon, (fetue), Heterocentrus mamillatus, *dans son habitat favori, à savoir les platiers des récifs-barrières. Son adhérence intime au substrat lui permet de ne pas être délogé même pas les fortes vagues déferlantes.*
Ci-contre : Oursin blanc, (ina), Echinometra mathaei *commun en eau peu profonde dans tous les lagons de Polynésie.*

Ci-dessus : L'Ophiure (maamaatai), Ophiocoma scolopendrina *est un échinoderme de petite taille (5 à 6 cm) dont la forme rappelle celle d'une étoile de mer au bras très minces et plus longs, bordés de soies multiples. Elle vit sous les coraux morts jonchant les fonds lagunaires.*
Ci-contre : Le coussin de requin (turua mao), Culcita schmideliana, *doit son nom à ses téguments rugueux comme du papier verré qui évoquent une peau de squale. La variabilité des teintes et tons est extrême au sein de l'espèce.*

Ci-dessus : L'étoile de mer épineuse Acanthaster planci. *Familière de la plupart des fonds polynésiens, la* taramea, *présente ici sa face supérieure couverte de piquants acérés.*

Ci-contre : Face ventrale de taramea *montrant la bouche et les ambulacres. Ces milliers de minipompes aspirantes capables de vider les madrépores de leurs polypes, contribuent à la destruction des récifs.*

A droite : Un gros plan sur A. planci *permet de distinguer piquants, pédicellaires avec leur pince armée et ambulacres avec leur ventouse syphon.*

Les holothuries

A gauche en haut : Synapta maculata. *Les Synaptes se distinguent de toutes les autres holothuries par leur corps dépourvu d'ambulacres, très mince de plus d'un mètre de long en général, dont la silhouette rappelle celle d'un serpent. On distingue parfaitement à l'une des extrémité, des diverticules arborescents évaginés jouant le rôle de branchies. Arénivores, les Synaptes se complaisent sur les fonds sableux peu profonds.*

A gauche en bas : L'holothurie noire Halodeima atra *ou vrai* rori *évoque par sa forme et sa couleur un boudin. Quand elle abonde à proximité des plages, elle constitue souvent un signe de pollution. Mais on la rencontre aussi communément sur les fonds lagunaires d'atolls.*

Ci-contre, en haut : La bêche de mer, Boadschia argus. *Elle atteint parfois des tailles imposantes (50 à 60 cm). Elle se déplace, grâce à ses ambulacres et avance en excrétant à chaque mouvement une véritable crotte de sable fin.*

Ci-contre en bas : Une autre bêche de mer, Thelenota ananas. *Comme de nombreuses holothuries, cette espèce est capable, en cas de danger, de rejeter par son pôle anal la plupart de ses viscères digestifs, et respiratoires entre autres. Elle peut aussi émettre pour sa défense ou la capture de ses proies un appareil tubulaire spécial. Ces formations filiformes, gluantes, à l'aspect de spaghetti adhèrent fortement à tout ce qu'elles touchent.*

Les poissons

Ci-contre, en haut : Sphyraena barracuda. *Le barracuda ou* ono *est souvent rencontré solitaire en lagon, alors qu'il évolue en petits groupes à l'extérieur des récifs-barrières. Il n'a pas la réputation d'attaquer les nageurs, comme le long de certains rivages américains. En revanche, quand il atteint plus d'un mètre de long, il lui arrive épisodiquement d'être vénéneux pour l'homme.*

Ci-contre, en bas : Gymnosarda unicolor. *Le thon aux dents de chien, plus connu localement sous le nom de* vau, *bien que de mœurs pélagiques, aime fréquenter les lagons, particulièrement ceux des grands atolls. Cela lui vaut la triste qualité, de compter parmi les rares espèces océaniques, à être parfois ciguatérigènes. C'est pratiquement le seul thon que des chasseurs sous-marins expérimentés peuvent approcher à distance de flèche.*

A droite : Carangoides hemigymnostethus. *Cette carangue ovale, à la robe argentée, striée de bandes verticales gris foncé est appelée* pahuru. *Très fréquente dans l'archipel des Tuamotu où elle se déplace en groupe de 10 à 20 individus, elle ne devient jamais très grande, et atteint rarement plus de 30 centimètres. Friande de crustacés, de mollusques et de jeunes poissons qu'elle vient chercher dans les lagons, elle n'est pratiquement jamais empoisonnée. Lorsqu'elle est blessée, ses gloussements de détresse battent le rappel de tous les requins des alentours.*

A gauche : Carcharhinus melanopterus, *requin à aileron noir, appelé* mauri *à Tahiti. En haut, deux individus se croisent au-dessus d'un massif corallien. En bas : C.* amblyrhynchos, *requin gris de récif. Le* raira *est un requin parfois très dangereux. Très vif dans ses mouvements, comme les* Carcharhinus *en général, il s'oppose au second squale familier de nos lagons (ci-dessus et ci-contre),* Triaenodon obsesus. *Ce dernier, aisément identifiable à l'extrémité blanche de ses ailerons, et connu localement sous le nom de* mamaru *ou* torire *est beaucoup plus apathique, un peu pataud dans ses gestes. Les deux espèces sont réputées inoffensives si on ne les provoque pas.*

Ci-contre, en haut. Aetobatis narinari. *La raie-léopard, appelée raie-aigle par les Anglo-Saxons est connue à Tahiti sous le vocable de* fai manu *(raie-oiseau). C'est la plus farouche des raies. Elle est très difficile à approcher. Elle possède une queue très longue et a une bouche pourvue de dents solides lui permettant de briser la carapace des mollusques et crustacés, qui constituent la base de sa ration alimentaire. Toujours en mouvement, elle ne plonge son museau dans le sable que lorsqu'elle est en quête de nourriture.*

Ci-contre, en bas : Himantura sp. *De taille plus élevée que la précédente, la raie armée* (fai iu), *aime à se tapir dans le sable, ne laissant dépasser que sa queue pourvue d'un dard capable d'infliger des blessures extrêmement désagréables. Heureusement, cette espèce est assez peureuse en Polynésie, contrairement à ses cousines des plages du golfe du Mexique. Elle préfère fuir, enveloppée dans un nuage de sable, à l'approche des intrus.*

A droite : Manta alfredi. *La raie manta* (fafa piti) *compte parmi les plus grands poissons fréquentant le littoral polynésien. Elle exécute de véritables tonneaux à l'intérieur des nuages de plancton pour avaler, grâce à son énorme bouche le maximum de nourriture. Malgré son poids, la manta peut effectuer des sauts spectaculaires hors de l'eau pour se débarrasser des parasites ou en signe d'allégresse à l'approche d'une naissance.*

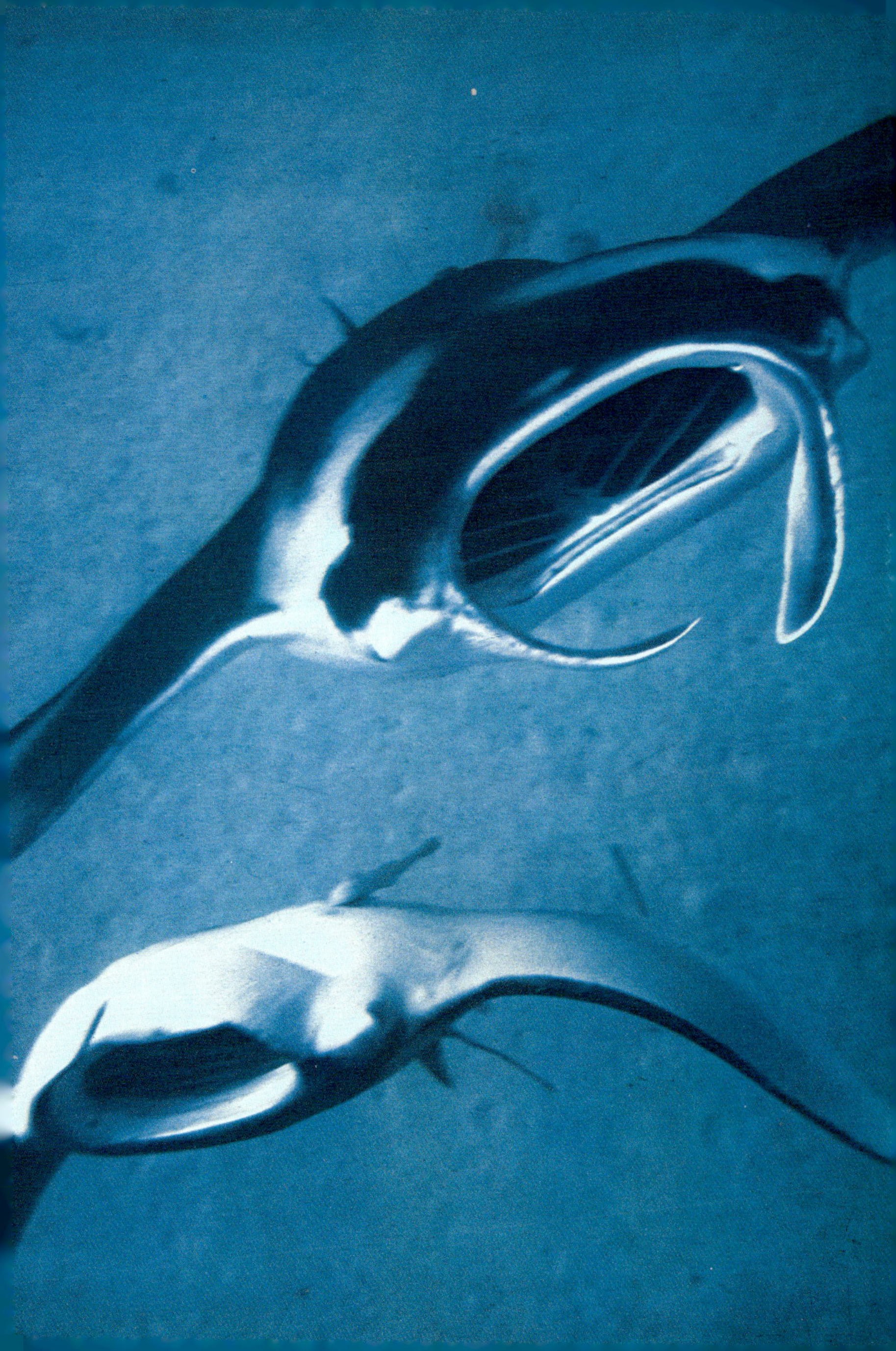

Ci-contre, en haut : Saurida gracilis. *Ce poisson, calé à l'aide de ses nageoires pelviennes sur un pâté corallien, est un poisson-lézard* (moo miti). *Immobile, il attend patiemment l'approche d'un petit poisson peu méfiant. D'un seul coup, il fuse alors sur sa proie rapidement gobée avant de retourner prendre sa place de guetteur à l'affût.*

Ci-contre, en bas : Bothus mancus. *La sole tropicale* (patii) *est une habituée des fonds lagunaires peu profonds sur lesquels elle se pose à la verticale, tel un hydroglisseur, en soulevant un nuage de sable qui retombe sur elle pour la recouvrir presque entièrement. Seuls ses deux yeux placés sur la face supérieure, à vision circulaire à 360°, comme des périscopes, la trahissent.*

A droite. Scorpaenopsis diabolus (nohu pua). *Les poissons pierres répondant au générique local de* nohu *comptent parmi les animaux dangereux du lagon. Célèbres par leur art du camouflage qui les fait ressembler à des coraux morts parmi d'autres, ils affectionnent les bords des plages ou les pâtés peu profonds. C'est là qu'un baigneur inattentif peut poser son pied sur la nageoire dorsale de l'un d'entre eux, qui porte 13 épines, véritables seringues à venin. La douleur immédiate, très intense et la présence sur la plante du pied d'une ou de plusieurs lésions punctiformes, signent la piqûre de poisson pierre.*

Ci-contre en haut : Myripristis murdjan *et* Chaetodon lunula. *Rouget à œillère* (ihii) *et papillon vert* (paraharaha) *font bon ménage à l'entrée d'une grotte corallienne. Très différents des rougets d'Europe, ceux de Polynésie, ont une robe offrant toutes les nuances du rouge, des téguments hérissés de parties coupantes et de gros yeux globuleux. Vivant dans des anfractuosités coralliennes très sombres et chassant leurs proies la nuit, il est alors possible de les pêcher à la ligne. Ils constituent un mets succulent, se prêtant à des préparations culinaires très diversifiées.*

Ci-contre à gauche : Myrichthys colubrinus. *Cette murène de sable,* (puhi houone) *est remarquable par sa mâchoire supérieure crochue et son corps mince terminé par une queue pointue. Elle est souvent confondue avec les serpents de mer. Au moindre danger, elle s'enfouit sous le sable.*

A droite : Gymnothorax flavimarginatus. *La murène* (puhi rauti) *jouit d'une réputation d'animal marin dangereux. Reconnue d'emblée, à l'entrée de sa tanière, par tout plongeur néophyte, elle impressionne par sa gueule armée de véritables crocs, prête à saisir tout ce qui passe à sa portée, la main humaine aussi bien que le poisson imprudent. Même blessée sévèrement par une flèche, une murène est toujours difficile à extraire du repaire dans lequel elle arcboute les trois quarts de son corps.*

Ci-contre, en haut : Heniochus acuminatus ; *au centre :* Heniochus monoceros. *Ces poissons taurillons* (paraha ave) *ont une nageoire dorsale dont le premier rayon est nettement plus développé que les autres, prenant des allures d'antenne. Ils aiment croquer les fines ramifications coralliennes afin d'en extraire les polypes.*
Ci-contre, en bas : Chaetodon ephippium. *Ce papillon* (paraharaha) *compte parmi les beautés du lagon de Bora-Bora. Il fréquente les versants océaniques du récif-barrière. Il est à même, avec son museau pointu, de fouiller les minuscules interstices de la paroi corallienne pour rechercher les petits invertébrés dont il est friand.*
A droite : Zanclus cornutus. *Une petite troupe de poissons cochers* (paraha tore) *déambule sur un fond de madrépores. Ils ont des nageoires dorsale et anale très hautes. La taille importante du premier rayon dorsal fait parfois confondre* Z. cornutus *avec* H. acuminatus. *D'ailleurs, poissons papillons, anges et cochers ont un trait morphologique commun, à savoir leur teinte bigarrée et une bande noire plus ou moins large couvrant leur région fronto-orbitaire. Ce véritable masque est destiné à protéger leurs yeux particulièrement vulnérable. Ces divers poissons ont également des habitats très voisins, inféodés aux massifs coralliens.*

Ci-dessus en haut :
Pterois volitans (tataraihau). *Ce petit animal flottant tel un hélicoptère, est un Scorpionidé en position de défense, hérissé d'autant d'aiguilles venimeuses qu'il a de rayons dans ses nageoires.*
Ci-dessus, en bas : Dunckerocampus dactyliophorus (Tiai pape). *Proche parent des hippocampes, ce poisson-pipe a une tête formant un angle droit avec le reste du corps.*
A droite : Pterois radiata, *toutes armes déployées.*

Ci-contre, en haut : Acanthurus xanthopterus. *C'est le plus grand des poissons chirurgiens à lancette érectile (50 à 60 cm) et un des mets les plus appréciés des Polynésiens. Sa morphologie se prête à une cuisson à la braise ou sur des pierres chauffées au rouge. Le* parai *est particulièrement savoureux en septembre-octobre, quand il est très gras. Très pêché à la ligne avec pour appâts du pain ou des pagures, le* parai *est devenu rare à Tahiti, sauf vers Tautira. Il est encore abondant dans certains atolls des Tuamotu, notamment à Rangiroa.*

A droite : Acanthurus achilles. *Ce poisson chirurgien à silhouette et taille de* maito *est maculé d'une très jolie tache rouge pyriforme, juste en avant du pédoncule caudal. Il est aussi paré d'un très joli liséré rouge et blanc à l'extrémité de la queue. Le* meha *affectionne les parties du récif ou la houle se brise. Il est commun dans toutes les passes et autour de tous les atolls à marée basse, où il forme parfois des attroupements massifs.*

Ci-contre, en bas : Naso brevirostris. *Le* tatihi *est un nason doté d'un très joli rostre implanté sur son front. Son habitat d'élection se trouve dans les lagons des Tuamotu, à proximité de pâtés coralliens, par 4 à 5 m de fond. Peu farouche, succulent, il fait l'objet d'une chasse intensive au fusil sous-marin, car il constitue une proie relativement facile.*

Ci-dessus : Acanthurus triostegus. *Les* manini *ont un instinct grégaire très développé. Souvent en groupes importants parmi les parasols d'Acropores, ils se jettent tous en même temps sur les gazons d'algues où ils se nourrissent, broutent pendant quelques secondes et repartent ensemble, pour recommencer les mêmes gestes en un autre lieu.*

Ci-contre : Gnathodentex aurolineatus *et* Mulloidichthys vanicolensis. *Un* tauo *s'est faufilé en solitaire dans un groupe de* maene.

A droite : Pygoplites diacanthus, *l'ange royal.*

Ci-contre en haut : Rhinecanthus verrucosus. *Le* oiri uouo *a une robe souvent bariolée, d'où son qualificatif de poisson-picasso. Armé de dents très fortes, il peut couper un à un les piquants d'un oursin pour ensuite retourner l'animal et s'en nourrir. Comme la plupart des balistes, quand il se sent en danger, il fourre sa tête dans le premier trou de corail favorable et s'amarre grâce à sa nageoire dorsale pourvue d'un verrou de sécurité très solide.*

Ci-contre, en bas : Parupeneus trifasciatus. *Le* atiatia *est encore appelé poisson-chèvre à cause des deux barbillons qui lui servent de barbiche sous le menton. Ce sont de véritables radars qui permettent au poisson de déceler sa nourriture dans le sable. Le sable introduit par la bouche, avec les invertébrés qui constituent la ration alimentaire, ressort en petits nuages par les ouïes.*

A droite, en haut : Apogon apogonides. *Les* upaparu *doivent leur surnom de poissons cardinaux à une robe chatoyante où le rouge domine en général. Leur taille moyenne est d'une dizaine de centimètres. Très agiles, toujours affairés, ils abondent dans les grottes obscures du récif.*

A droite, en bas : Ostracion meleagris. *Le* momoa, *poisson-coffre à la parure brillamment mouchetée, est enveloppé dans une carapace de forme parallélépipédique, percée uniquement des orifices indispensables à l'implantation des nageoires et des yeux.*

En haut, à gauche : Arothron meleagris ; *poisson-globe* huehue rearea *apte à se gonfler d'eau en cas de danger. En bas, à gauche :* Epibulus insidiator *ou* papae uturoa *au museau extensible. Ci-dessus :* Centropyge flavissimus, *poisson-ange aux faux airs de demoiselle, appelé* atoti. *A droite, en haut :* Parupeneus cyclostomus ; *poisson-barbillon,* ahuru haravai. *A droite, en bas :* Aulostomus valentini, *poisson-flûte ou* aupapa tohe tupou. *Ces différents poissons ont en commun la livrée jaune. Cette teinte ne se rencontre que chez certains individus d'une espèce donnée. S'agit-il d'une phase de croissance, d'un dichroïsme sexuel ou tout simplement d'individus albinos ?*

Ci-contre, en haut : Pterocaesio tile (urio) ; *perche brillamment colorée, hôte habituel des versants océaniques des récifs.*
Ci-contre, en bas : Bodianus loxozonus (poou) *; labre remarquable à la tache noire en zigzag qui barre obliquement le pédoncule caudal.*
A droite, en haut : Biotope algocorallien à poissons-perroquets et chirurgiens. Pas moins de 6 espèces différentes sont présentes sur le cliché ; d'abord, en bas, Ctenochaetus striatus, *le chirurgien noir commun,* maito ; *un peu au-dessus,* Acanthurus glaucopareius, *aux lisérés jaunes caractéristiques* (maito aero uouo) *; dans le haut et à gauche, ne laissant apparaître que son museau à tache orange :* Acanthurus pyroferus (maito uteute). *A côté de ces trois* maito, *sur la droite du cliché, on aperçoit trois perroquets ; le plus massif est* Scarops rubroviolaceus (uhu mamaria) ; *légèrement au-dessous se profile un perroquet brûlé* (paati paapaa auahi) *parfois appelé perroquet banane :* Scarus sordidus *; sur la droite, à côté de ces deux perroquets adultes mâles un* pahoro hou, Scarus forsteri, *dans sa robe brune de femelle. Le dichroïsme sexuel est fréquent chez les Scaridés.*
A droite, en bas : Scarus gibbus. *Le* uhu raepuu *est le plus grand des perroquets. On le reconnaît à sa bosse frontale caractéristique.*
Pages suivantes : Cephalopolis urodelus. *Mérou-drapeau,* nohu nohu tarao.

Ci-contre, en haut : Paracirrhites arcatus. *Les* patui *ont des airs et des mœurs de loches. Ils sont la plupart du temps posés sur un madrépore, prêts à bondir sur une proie.*
Ci-contre, en bas : Epinephelus tauvina. *Voici un* faroa, *vraie loche mouchetée, aux aguets à l'entrée d'une anfractuosité corallienne.*
A droite : Cephalopolis argus. *Les* roi, *mérous constellés de bleu, insatiables mangeurs, exécutent souvent de véritables ballets quand il s'agit de s'emparer d'un appât qu'on leur propose.*

Les reptiles

Pages suivantes : Caretta caretta gigas. *Chez les tortues marines* (honu), *les membres courts et déjetés latéralement sortent de la carapace et sont transformés en palettes natatoires. Un bec corné à bords tranchants sert à la prise de la nourriture et à la défense. Les tortues se rassemblent électivement aux abords de certains atolls pendant la saison des amours (juin à octobre), puis pour la ponte (novembre à février). Le lieu de ponte est habituellement choisi sur une plage de sable blanc meuble, à portée du flux des vagues. Le nid est creusé à l'aide des pattes postérieures, les antérieures servant de pelles pour évacuer le sable. Quand le dépôt des œufs est terminé, la tortue recouvre complètement son nid de sable. Puis elle retourne à la mer, après avoir brouillé ses traces.*

index des noms scientifiques

A

B

C

D

E

Achevé d'imprimer : août 1976
No d'éditeur : 55
Dépôt légal : troisiéme trimestre 1976
La maquette a été réalisée par J.L Saquet dans les studios des Editions du Pacifique.
Les auteurs expriment leur gratitude à Mrs Salvat, Chevallier, Denizol, Plessis et Randall ainsi qu'à Mme Secretain pour l'aide qu'ils ont bien voulu leur apporter lors de l'identification de certaines espèces animales ou végétales. Leur reconnaissance va également à leurs collaborateurs Jack, Taumi, Ramera, Edwin.